AF401040

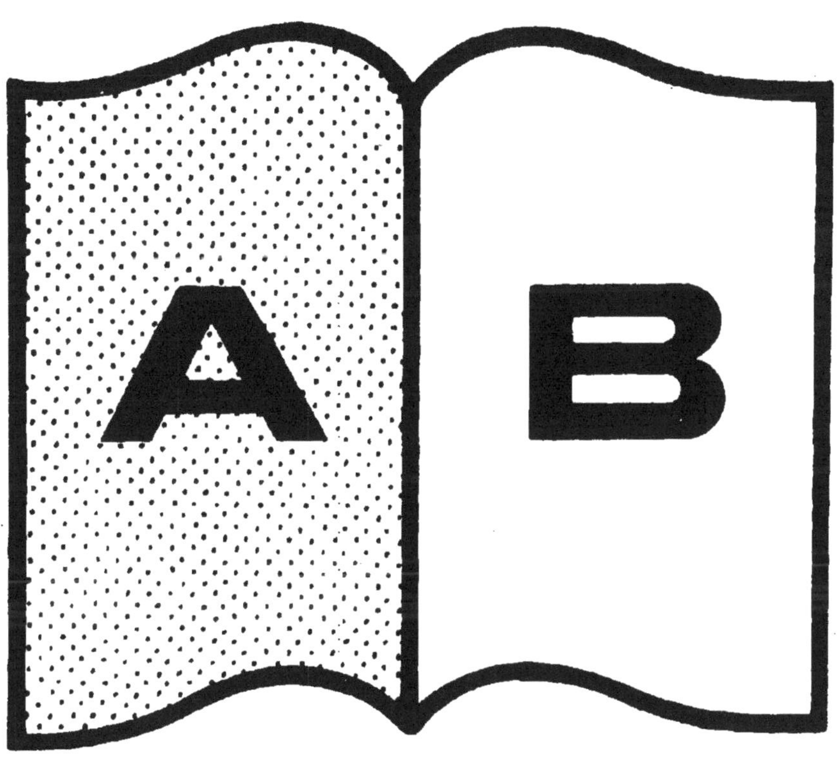
A B

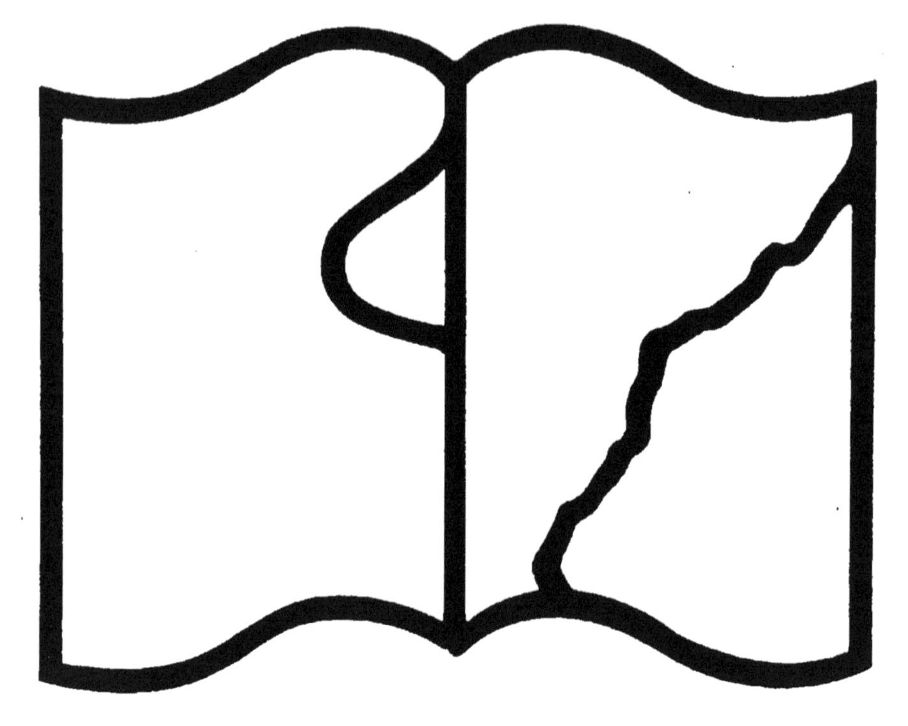

PHYLLOGRAPHIE,

OU

HISTOIRE NATURELLE

DES FEUILLES.

Premier Février 1809.

LIVRAISON.

A PARIS,

Chez
{ MAUGERET FILS, IMPRIMEUR-LIBRAIRE,
rue Saint-Jacques, n°. 38, vis-à-vis celle du Plâtre;
BONNET PÈRE ET FILS, rue de Lille, n°. 5o,
hôtel d'Harcourt;

ET DANS LES DÉPARTEMENS;
Chez les principaux LIBRAIRES.

AVIS AUX SOUSCRIPTEURS.

Dans le Traité que nous offrons au public, l'anatomie des Feuilles, leur physiologie, leur pathologie seront développées dans toute leur étendue.

Cet Ouvrage, de format *in-8°*, imprimé avec caractères neufs et sur beau papier, formera quatorze livraisons, qui paraîtront successivement de quinze en quinze jours.

Chaque livraison, accompagnée du texte, sera composée de quinze planches, sur chacune desquelles l'une des espèces des Feuilles contenues dans l'Ouvrage sera peinte, sur beau papier vélin, par MM. Bonnet père et fils, d'après un procédé de leur invention, au moyen duquel ils sont arrivés à imiter la nature au point que l'on croit l'avoir sous les yeux, lorsqu'on n'a que son image.

Le texte qui accompagnera la dernière livraison renfermera tout ce qui a rapport à la physiologie des Feuilles, avec le développement des divers phénomènes qu'elles présentent.

Le prix de chaque livraison, prise à Paris, est de 4 fr. 50 c.; pour les départemens, de 5 fr.; et pour l'étranger, de 5 fr. 50 c.

Les souscripteurs qui prendront leurs livraisons à Paris, ne les paieront qu'en les recevant.

Les souscripteurs dans les départemens devront envoyer franc de port le prix de deux livraisons en recevant la première; ils enverront le prix de la troisième quand ils auront reçu la seconde, et ainsi de suite.

L'ouvrage annoncé sous le titre de *Facies Plantarum*, de format grand *in-folio*, et sur beau papier vélin, présentera les Plantes avec leurs racines. Elles porteront toutes les parties de la floraison et de la fructification.

Les planches de la Phyllographie donnant une idée trop éloignée de celle que l'on doit concevoir de ce grand ouvrage, on fera paraître, dans une des livraisons de l'histoire des Feuilles (sans que cela puisse en augmenter le prix), une Plante peinte d'après le procédé des sieurs Bonnet.

Par ce moyen, ceux des amateurs qui seraient dans l'intention de souscrire pour le *Facies Plantarum*, seront plus à portée d'en apprécier le mérite.

Il n'est pas inutile d'observer que par la nature de l'ouvrage, le premier numéro de la Phyllographie et le dernier, comporteront un texte plus volumineux que les intermédiaires.

La seconde livraison, qui paraîtra le quinze de ce mois, sera composée de dix-neuf planches, dont quatre rentreront dans la première, suivant la série de leur numéro.

PHYLLOGRAPHIE,

OU

HISTOIRE NATURELLE

DES FEUILLES.

Vingt-cinq Février 1809.

IIe. LIVRAISON.

A PARIS,

Chez MAUGERET fils, Imprimeur-Libraire,
rue Saint-Jacques, n°. 38;

ET DANS LES DÉPARTEMENS,
Chez les principaux Libraires.

AVIS AUX SOUSCRIPTEURS.

Il manquait à la première livraison de cet Ouvrage, quatre des feuilles décrites dans le texte.

Nous avions espéré pouvoir les joindre à cette seconde livraison; mais, après nous en être procuré les échantillons, nous nous sommes convaincus qu'elles ne sortiraient pas de notre atelier dans l'état de perfection auquel nous voulons les élever.

Pour les fournir d'une manière satisfaisante, nous sommes obligés d'attendre que leur végétation soit beaucoup plus avancée.

Les souscripteurs n'en recevront pas moins la totalité des feuilles promises par nous; les quatorze livraisons composeront deux cent dix planches, destinées à former un seul et même volume. Il devient donc indifférent qu'elles soient livrées un peu plus tôt, ou un peu plus tard.

Nous desirons qu'on nous sache gré d'avoir retardé l'envoi de celles des feuilles qu'on ne peut bien saisir que dans l'état de leur végétation parfaite; et pour indemniser nos abonnés, nous leur fournissons, avec cette livraison, deux des feuilles qu'ils n'auraient dû recevoir qu'avec la troisième. Ils voudront bien, quand l'ouvrage entier leur aura été fourni, veiller à ce que les planches soient exactement placées dans l'ordre de leur numéros.

Le prix de chaque livraison, prise à Paris, est de 4 fr. 50 c.; pour les départemens, de 5 fr.; et pour l'étranger, de 6 fr. 50 c.

Les souscripteurs qui prendront leurs livraisons à Paris, ne les paieront qu'en les recevant.

PHYLLOGRAPHIE,

OU

HISTOIRE NATURELLE

DES FEUILLES,

DÉCRITES

Par M. N. A. DESVAUX,

MEMBRE DE PLUSIEURS SOCIÉTÉS SAVANTES;

PEINTES

Par MM. BONNET père et fils.

Nous voici parvenus à ces extrémités délicates, à ces dernières divisions de la tige, où le *principe des développemens* agit avec plus d'empire, où ce principe actif, rompant l'uniformité de la matière inerte, la contraint à produire des chefs-d'œuvre variés de souplesse et de grâces.

PHILIBERT, *Intr. à l'Étude de la Bot.*, v. I, p. 204.

PARIS

Chez
{
MAUGERET FILS, IMPRIMEUR-LIBRAIRE, rue Saint-Jacques, n°. 38, vis-à-vis celle du Plâtre;

BONNET père et fils, rue de Lille, n°. 50, hôtel d'Harcourt.
}

....

1809.

AVIS AUX SOUSCRIPTEURS.

Il manquait à la première livraison de cet Ouvrage, quatre des feuilles décrites dans le texte.

Nous avions espéré pouvoir les joindre à cette seconde livraison ; mais, après nous en être procuré les échantillons, nous nous sommes convaincus qu'elles ne sortiraient pas de notre atelier dans l'état de perfection auquel nous voulons les élever.

Pour les fournir d'une manière satisfaisante, nous sommes obligés d'attendre que leur végétation soit beaucoup plus avancée.

Les souscripteurs n'en recevront pas moins la totalité des feuilles promises par nous ; les quatorze livraisons composeront deux cent dix planches, destinées à former un seul et même volume. Il devient donc indifférent qu'elles soient livrées un peu plus tôt, ou un peu plus tard.

Nous desirons qu'on nous sache gré d'avoir retardé l'envoi de celles des feuilles qu'on ne peut bien saisir que dans l'état de leur végétation parfaite ; et pour indemniser nos abonnés, nous leur fournissons, avec cette livraison, deux des feuilles qu'ils n'auraient dû recevoir qu'avec la troisième. Ils voudront bien, quand l'ouvrage entier leur aura été fourni, veiller à ce que les planches soient exactement placées dans l'ordre de leur numéros.

Le prix de chaque livraison, prise à Paris, est de 4 fr. 50 c. ; pour les départemens, de 5 fr. ; et pour l'étranger, de 6 fr. 50.

Les souscripteurs qui prendront leurs livraisons à Paris, ne les paieront qu'en les recevant.

PHYLLOGRAPHIE,

OU

HISTOIRE NATURELLE

DES FEUILLES,

DÉCRITES

Par M. N. A. DESVAUX,

MEMBRE DE PLUSIEURS SOCIÉTÉS SAVANTES;

PEINTES

Par MM. BONNET père et fils.

Nous voici parvenus à ces extrémités délicates, à ces dernières divisions de la tige, où le *principe des développemens* agit avec plus d'empire, où ce principe actif, rompant l'uniformité de la matière inerte, la contraint à produire des chefs-d'œuvre variés de souplesse et de grâces.

PHILIBERT, *Intr. à l'Étude de la Bot.*, v. I, p. 204.

Chez {
MAUGERET FILS, IMPRIMEUR-LIBRAIRE, rue Saint-Jacques, n°. 38, vis-à-vis celle du Plâtre;
BONNET père et fils, rue de Lille, n°. 50, hôtel d'Harcourt.

1809.

A

Monsieur FABRE DE L'AUDE,

COMTE DE L'EMPIRE,

MEMBRE DU SÉNAT CONSERVATEUR,

ET COMMANDANT DE LA LÉGION D'HONNEUR.

Monsieur le comte,

Les témoignages d'intérêt que vous avez constamment donné à vos compatriotes, et la bienveillance particulière dont vous voulez bien

*

nous honorer, nous engagent à vous dédier cet Ouvrage.

Nous avions une tâche difficile à remplir; vous avez encouragé nos efforts. C'est aux Naturalistes et au Public à juger si notre entreprise a été portée au degré de perfection auquel nous voulions atteindre.

Nous sommes, avec des sentimens respectueux,

MONSIEUR LE COMTE,

Vos très-humbles et très-obéissans Serviteurs,

BONNET, père et fils.

INTRODUCTION.

Présenter un Ouvrage sur les Feuilles, c'est rendre un service important à la science de la Botanique : jusqu'à ce jour, on avait négligé cette partie de l'histoire des végétaux, non quant aux rapports que les Feuilles ont avec la plante elle-même, la physiologie végétale étant assez bien connue, mais relativement aux formes diverses qu'elles affectent. Ces formes sont si nombreuses, quelquefois si singulières, qu'elles ont droit d'attirer notre admiration ; jamais, à la vérité, elles ne disputeront d'éclat, comparées aux brillantes enveloppes des Fleurs ; jamais elles ne présenteront ce coloris varié où la nature semble avoir épuisé toutes les combinaisons que l'art chercherait en vain à imiter ; jamais les Feuilles ne captiveront aussi agréablement le sens de l'odorat. Quelques unes seulement, après en avoir été sollicitées par un léger frottement, laissent à peine émaner quelques principes odorans, au lieu que l'arome s'échappe de toutes parts de la riche corolle, et vient prévenir délicieusement nos sens.

Si ces dernières divisions des Plantes n'é-
blouissent point notre vue par un mélange de
brillantes couleurs (1), l'œil fatigué de l'éclat
des Fleurs aime cependant à se reposer sur le
vert léger que les Feuilles présentent, et voit
avec plaisir les formes diverses dont la nature
s'est plue à disposer les contours.

Si les sensations que nous font éprouver la
verdure des plantes et celle des arbres élevés
qui ornent nos forêts, sont moins vives, elles
se prolongent au moins pendant une grande
partie de l'année; les Feuilles persistantes, né-
cessaires à l'entretien de la vie dans les végétaux, sont le seul ornement dont ils se trouvent
parés : mais nous le regrettons lorsque l'ap-
proche de l'hiver vient nous en priver.

A cette époque, nous sentons le prix de cette
verdure que nous cherchons à rappeler : nous
voyons avec plaisir le triste Cyprès, l'If lu-
gubre, le Pin orgueilleux, l'humble Alaterne,
nous dédommager, par leur feuillage verdoyant,

---

(1) Il est un très-petit nombre de Plantes dont les Feuilles
sont colorées et panachées de diverses nuances ; mais ces couleurs sont privées de cette vivacité qui appartient exclusivement
à la corolle.

de la triste uniformité qui règne alors dans la nature.

Heureux les climats fortunés où la Feuille qui naît prévient la Feuille qui va tomber, et entretient une éternelle verdure. Quand pourrai-je, ô fortunées régions, parcourir votre sol, voir ces lieux privilégiés sous l'aspect d'un printemps perpétuel.

« Les Feuilles, a dit un auteur (1), méritent
» de fixer notre attention : l'époque même de
» leur naissance, qui annonce le renouvelle-
» ment de la nature; ce vert riant ami de l'œil,
» dont la plupart sont colorées; leur disposition,
» également agréable dans sa symétrie et dans
» son désordre, tout contribue en elles à nous
» présenter la plante sous un point de vue
» flatteur, et à lui donner un air de vie et de
» santé; elles font le principal ornement de
» nos forêts, répandent la fraîcheur et l'ombre,
» et nous offrent un asile contre les ardeurs
» du soleil. »

Ce n'est point assez de faire valoir, aux yeux de l'homme sensible, l'utilité des Feuilles dans les végétaux; il faut encore intéresser ceux qui

______

(1) M. Lamarck, *Introd. à la Bot.*, *Hist. Nat. des Vég.*, v. II, p. 24.

s'occupent de la science ; nous devons donc faire sentir l'importance de l'étude des Feuilles pour le perfectionnement de la Botanique.

Le célèbre Sauvage, médecin et professeur de Botanique à l'École de Médecine de Montpellier, est le premier qui se soit occupé de l'étude des Feuilles d'une manière spéciale ; ses travaux à cet égard le conduisirent à soupçonner que les différentes considérations auxquelles elles donnaient lieu pouvaient servir de base à un système de classification des végétaux. Il en présenta un fondé sur ces organes des plantes (1) ; mais il était d'autant plus erronné, qu'il réunissait des espèces très-éloignées les unes des autres dans la série des familles naturelles, d'abord par la nature des organes qu'il employait pour base de son système, et ensuite parce qu'il n'avait point distingué les Feuilles, comme l'a fait depuis M. Richard, en véritablement *Simples* et en *Composées*, formées de plusieurs parties, toutes

(1) Il publia en 1743 son *Projet d'une Méthode sur les Feuilles des Plantes*, in-4°., dans lequel il établit 12 classes. En 1751, il reproduisit ce travail perfectionné, sous le nom de *Methodus Foliorum, seu plantæ floræ Montpeliensis, juxta ordinem Foliorum digestæ*. En 1763, Adanson, dans ses *Familles naturelles*, fit quelques changemens à ce système.

articulées les unes à la suite des autres; deux espèces ou sortes de Feuilles qui ne peuvent exister dans une même famille naturelle. Ce qui devait rendre encore le système de classification des plantes par les Feuilles très-imparfait, c'est qu'à l'époque à laquelle le médecin de Montpellier et ADANSON écrivaient, on ne connaissait pas les nombreuses variétés de Feuilles que nous a procurées le grand nombre de Plantes découvertes depuis ; plusieurs de ces Feuilles ont des formes si particulières et si éloignées de ce qui était connu alors, qu'elles pourraient former autant de classes distinctes dans le système de distribution des végétaux, par les considérations établies sur la forme des Feuilles, leur position, leur nature, etc.

L'auteur qui a considéré les Feuilles de la manière la plus générale et la plus complète, est M. RICHARD, professeur de Botanique au jardin de l'Ecole de Médecine de Paris. Ce Botaniste, le plus profond et l'observateur le plus exact dont la France puisse s'honorer (1),

(1) Cet éloge donné à un Botaniste qui n'a point encore publié de corps d'ouvrage sous son nom, semblerait exagéré, si ceux qui connaissent M. RICHARD ne savaient combien de travaux précieux il possède en manuscrit, et s'ils ne savaient

a porté dans l'examen des Feuilles une attention particulière, dans son système de nomenclature des organes des végétaux, publié
sous forme de Tableaux et placé à la suite du
Dictionnaire de Botanique de BULLIARD, dont il
a fait une édition où tous les articles sont retouchés. Ces tableaux, à la vérité, n'offrent point
de texte explicatif : nous emprunterons avec
plaisir la plupart des distributions établies relativement aux Feuilles, parce qu'il serait difficile
de former une classification plus méthodique;
d'ailleurs la plupart des considérations à faire y
sont exposées ; seulement nous ajouterons plusieurs particularités qui ont été omises.

L'exposition de l'ensemble de notre travail démontrera son importance, et donnera
une idée précise de tout ce qui doit composer
l'histoire des Feuilles.

On doit commencer par définir la Feuille;
ce qui n'est pas aussi facile qu'on se l'imaginerait d'abord , parce qu'il faut y rapporter plusieurs parties des Plantes que l'on a
distinguées par des noms particuliers, et qui,

encore qu'on lui doit un grand nombre d'idées neuves et lumineuses que ses élèves ont puisées dans les cours qu'il fait chaque
année.

par la consistance, la forme, la nature, les fonctions, se rapprochent entièrement des Feuilles ; il faut faire connaître les parties qui entrent dans leur texture et que l'on peut observer lorsqu'on en fait un examen particulier, soit dans les Feuilles les plus ordinaires, soit dans celles qui présentent quelques particularités dans leur substance. Après avoir considéré la Feuille en elle-même, il sera nécessaire d'exposer les rapports différens qu'elle présente avec le corps de la plante : ainsi nous parlerons du lieu d'insertion des Feuilles relativement au végétal ; de leur position comparée au point de la surface de la plante qui les supporte, ou comparée avec les autres Feuilles ; nous ferons connaître les directions variées qu'elles présentent ; l'ensemble qu'offre leur contour ; les formes particulières affectées à la base, au sommet ou aux angles. La Marginature, l'Expansion, la Surface, la Coloration, la Pubescence, présenteront une foule de particularités, qui toutes seront exposées avec méthode et clarté. A ces considérations devront succéder celles qui donneront quelques éclaircissemens sur l'histoire des Feuilles, et seront renfermées dans la physiologie de ces organes ;

nous traiterons de leur développement, de leur nutrition, des divers phénomènes qu'elles présentent dans le cours de leur existence, soit par leurs mouvemens, soit par leur sommeil. Leur chute, les causes qui la déterminent, celles qui la retardent dans certaines contrées, seront développées et compléteront notre travail, que nous terminerons par quelques considérations générales et relatives aux propriétés, à l'odeur des Feuilles, aux accidens qu'elles éprouvent, soit par des maladies qui leur sont propres, soit par celles que leur causent les nombreux insectes qui les attaquent.

Il résulte de cet exposé que, pour traiter d'une manière convenable tout ce qui peut intéresser dans l'histoire des Feuilles, on doit embrasser un grand nombre de points particuliers et isolés, dont on n'a pas encore cherché à faire un corps de doctrine : c'est cet Ouvrage que nous présentons au public comme un traité complet sur cette partie de l'étude des végétaux.

Nous devons insister sur l'utilité des remarques à faire sur les Feuilles (1), parce

---

(1) La nature de l'Ouvrage, dans ce qui est relatif aux formes des Feuilles, à leurs diverses couleurs, et aux accidens auxquels elles sont sujettes, a nécessité un grand nombre de figures

qu'autant il est nécessaire de bien connaître toutes les parties qui composent la fleur et le fruit d'un végétal pour le rapporter exactement à sa famille et à son genre, autant il est indispensable de bien connaître toutes les variétés de ses Feuilles. Il faut, pour cela, qu'elles soient définies ou caractérisées d'une manière positive et invariable; sans cette précaution, il serait impossible d'établir exactement les distinctions entre les espèces des plantes dont les caractères se tirent presque toujours de la forme des Feuilles. Si on négligeait ces premières bases, il s'en suivrait qu'on ne pourrait porter une précision de rigueur dans la description des nombreuses espèces de plantes; en effet, si tel auteur donne à une Feuille un nom différent de celui qui lui convient, soit qu'elle n'ait pas été caractérisée exactement, ou que le type n'en ait pas été fixé, il en naîtra nécessairement une confusion destructive de cette exactitude qui

peintes par un procédé nouveau qui appartient uniquement à MM. Bonnet père et fils, d'après lequel ils sont parvenus à ce point de perfection qu'il est presqu'impossible de saisir par les moyens connus jusqu'à ce jour, et qui établit cette parfaite concordance entre la description prise dans la nature et les planches peintes par eux.

doit faire la base des principes de toute science.

On est forcé de convenir que la Botanique a été beaucoup trop négligée sous ce rapport. Nous espérons que le public nous saura quelque gré de nous être reportés jusqu'aux premiers élémens de cette science ; nous nous estimerons heureux de notre marche rétrograde, si notre Ouvrage rend à l'avenir l'étude de la Botanique plus méthodique, plus facile et par conséquent plus utile.

OBSERVATION. — Le nom de PHYLLOGRAPHIE est composé de Φυλλον, *Feuille*, et de Γραφω, *j'écris, je décris ;* ainsi c'est la *description des Feuilles* que l'on doit entendre par ce mot. Nous eussions peut-être pu donner ce TRAITÉ sous le titre de PHYLLOLOGIE, Φυλλον et Λόγος, parce qu'il aurait été plus général ; mais l'oreille eût été moins flattée par le concours de trois lettres semblables qui se suivent presque immédiatement dans le mot PHYLLOLOGIE.

PHYLLOGRAPHIE,

OU

HISTOIRE NATURELLE

DES FEUILLES.

PREMIÈRE SECTION.

Notions générales sur les Feuilles.

MALGRÉ l'importance des Feuilles dans l'économie végétale , toutes les espéces de plantes n'en sont pas pourvues : ainsi les Nopals , les Cactes et les Melocates (1) , les Euphorbes cactoïdes ; plusieurs espéces de Joncs (*Juncus* , *Aphyllanthes*); des arbustes de la famille des Légumineuses (*Spartium Genista*, *Psoralea*, etc.); quelques Soudes (*Salsola*); les Salicones (*Salicornia*), et plusieurs familles de la nombreuse classe des Cryptogames , telles que les Algues (*Algæ*), les Champignons (*Fungi*), etc., ne présentent aucune partie qui puisse se rapporter à l'organe que nous nommons *Feuilles* dans les autres végétaux ; mais alors ils y suppléent par un mode d'organisation particulier, comme nous aurons occasion de le démontrer par la suite.

(1) Ce sont autant de divisions du genre *Cactus*, fondées sur la forme qu'elles affectent ; ainsi les Nopals sont comprimés, les Mélocactes arrondis , les Cactes ou Cerées, cylindriques et anguleux.

Avant de présenter la série des phénomènes physiologiques auxquels les Feuilles donnent lieu , nous devons faire connaître quel est l'organe dans les végétaux qui porte ce nom : pour cela , nous définirons les Feuilles , nous parlerons de leur structure et nous parcourerons la nombreuse suite de variétés qu'elles présentent et qui résultent des considérations établies sur leur *forme*, leur *nature,* leur *structure*, leur *couleur*, leur *composition* et une foule d'autres rapports par lesquels nous aurons occasion de faire connaître tout ce qui est relatif à leur histoire ; ce qui devient indispensable pour traiter d'une manière plus facile et plus intelligible ce qui tient à la physique ou physiologie des plantes.

PARAGRAPHE PREMIER.

Définition des Feuilles.

Il n'a pas encore été donné de définition courte et précise de ce qu'on appelle Feuille dans les végétaux , et il est presque impossible que l'on en donne une qui puisse être telle, qu'elle soit applicable dans tous les cas. Si l'on dit : *c'est un corps vert ordinairement plan , à bords conformés de différente manière,* beaucoup de Feuilles de plantes grasses, qui sont plus ou moins solides , s'éloigneront de cette définition. D'un autre côté, l'organe considéré comme une tige dans certaines plantes , tel que dans beaucoup de Varecs (*Fucus*) , pourra recevoir l'application de la définition précédente.

Si l'on voulait caractériser la Feuille par ses fonctions physiologiques, on pourrait dire : *c'est la partie de la plante qui, absorbe par sa surface, les principes contenus dans l'air, et laisse échapper les parties excrémenticielles* : mais les plantes grasses jouissent de la même propriété sur toute l'étendue de la surface de leurs tiges et de leurs branches.

Il est vrai cependant que l'une ou l'autre des définitions que nous venons de rapporter peuvent convenir au plus grand nombre des Feuilles. On a bien pu dire encore avec vérité, *la Feuille est un épanouissement d'une fibre* (1) ; mais alors un caractère accessoire deviendrait un caractère essentiel, parce que toutes les parties des plantes sont dues à l'épanouissement de fibres.

Ne pouvant exposer brièvement ce qu'on entend par FEUILLE, je vais hasarder une description qui leur conviendra dans presque toutes les circonstances.

La Feuille (*Folium*) est cette partie horizontale, rarement oblique, plane, convexe ou concave de la plante, offrant deux faces plus ou moins dissem-blables ; placée ordinairement dans les arbres et arbustes à l'extrémité des rameaux ou sur leur étendue ; très-rarement sur le tronc et les grosses branches ; sur toute l'étendue de la tige dans la plupart des plantes annuelles et vivaces, et seulement à la base de la tige, dans un certain nombre ; naissant isolée ;

(1) M. Decandolle, *Principes de Botanique*, p. 25.

d'une forme très variée quant à la solidité et quant à la circonscription; d'une nature ferme, sèche, flexible, quelquefois succulente et cassante; d'une couleur verte, mais quelquefois colorée; adnée avec ou sans intermédiaire, sur le corps de la plante, mais le plus ordinairement supportée par un corps grêle presque toujours cylindroïde, appelé Pétiole et dont la direction détermine celle de la Feuille; caduque sur toutes les plantes EXORHIZES (*Dicotylédones*), et marcessante sur presque toutes les plantes ENDORHIZES (1) (*Monocotylédones*), et les plantes herbacées, annuelles et vivaces, avec la tige desquelles elle meurt.

Telles sont, je crois, les idées générales que l'on peut présenter pour fixer ce qu'on doit entendre par FEUILLE.

§ II.

Organes des Plantes, connus sous d'autres noms et qui appartiennent aux Feuilles.

Je viens de considérer les Feuilles sous le rapport le plus universel; j'ai fixé le genre, il me reste maintenant à déterminer les espèces que l'on doit y ramener, et que l'on semble en éloigner, soit en les

---

(1) C'est M. Richard qui a proposé ces deux mots; ils caractérisent ces deux grandes sections des végétaux, par la manière dont se développent les racines: ce mode est constant et sans exception, tandis que les divisions fondées sur les cotylédons, présentent dans plusieurs cas des difficultés que l'on ne peut dissimuler : souvent une plante dicotylédone, par ses autres caractères ne présente qu'un seul corps cotylédonaire, parce que les deux cotylédons sont soudés par leurs faces.

plaçant sous d'autres dénominations, soit en traitant isolément de ce qui leur est relatif.

Je conserverai à la première espèce le nom de FEUILLE *proprement dite* (*Folium*); c'est celle que l'on connaît généralement sous cette dénomination.

La seconde espèce de Feuille est la STIPULE (*Stipula Fulcra*), expansion plus ou moins grande de forme variée, propre à certaines familles naturelles et placée à la base du pétiole, soit sur le côté, soit dans l'aisselle ou à la base des Feuilles ; elle ne diffère très-souvent en aucune manière de ces dernières, jouit des mêmes propriétés, et remplit les mêmes fonctions à l'égard du végétal.

La troisième espèce de Feuille est la BRACTÉE (*Bractea*) ; elle accompagne toujours les fleurs, est souvent colorée et d'une forme un peu différente des autres Feuilles de la plante, dont elle environne les fleurs. Elle reçoit un grand nombre de noms particuliers, suivant les plantes auxquelles elle appartient, suivant la place qu'elle occupe, et enfin suivant certaines formes qu'elle affecte dans un petit nombre de végétaux.

Toutes les fois qu'elle entoure des fleurs ou se trouve mêlée parmi elles, et n'offre qu'une forme peu différente des autres Feuilles, on l'appelle BRACTÉE *proprement dite*, comme dans toutes les Labiées et un grand nombre d'autres plantes. Lorsqu'elle est à la base d'une réunion de fleurs groupées les unes en Capitule, comme dans les Gazons d'Olympe (*Statice armeria, cephalotes, etc.*), les autres en Ombelle, elle reçoit le

nom d'INVOLUCRE (*Involucrum*), et celui d'INVOLU-
CELLE (*Involucellum*), si elle est à la base d'une Om-
bellule. Dans toutes les COMPOSÉES, les Bractées réunies
en plus ou moins grand nombre, d'une manière symé-
trique, ont reçu le nom de CALICE COMMUN (*Calix
commune*), d'INVOLUCRE par M. Decandolle, et
de PÉRIPHORANTHE (*Periphoranthium*), par
M. Richard.

La bractée porte le nom de SPATHE (*Spatha*) dans
les AROÏDES, les LILIACÉES et quelques autres familles;
la *Spathille* (*Spathilla*) est propre à la famille des
Palmiers , dont toutes les divisions des Régimes,
outre la spathe universelle qui les enveloppe, ont
encore de petites spathes pour chaque fleur.

Dans les GRAMINÉES et les CYPÉRACÉES, les
bractées sont connues sous le nom de Calice et de
Corolle par un grand nombre d'auteurs , et de
Glume ou Gloumes (*Gluma*) et de Glumelle (*Glumella*) par quelques autres.

Lorsque ces bractées sont ligneuses , épaisses,
groupées symétriquement en nombre plus ou moins
grand , on les appelle CÔNE (*Conus*, *Conum*), ou
STROBILE (*Strobilus*), comme dans toutes la famille
des CONIFÈRES et dans celle des CYCADÉES (1).

Dans les Genévriers (*Juniperus*) , ces bractées se
soudent , deviennent comme succulentes et reçoivent
le nom de Baie.

______

(1) C'est une famille formée par M. Richard ; elle est composée des
genres *Cycas* et *Zamia* , et se rapproche des Conifères.

Dans l'If (*Taxus baccata*), la seule bractée qui existe à la base de chaque ovaire , verte dans son jeune âge, colorée et succulente lorsqu'elle est plus développée , porte encore improprement le nom de *Baie ombiliquée*, parce qu'elle est ouverte d'une manière très-manifeste.

Les corps placés à la base des ovaires de toutes les CUPULIFÈRES (1) et auxquels on a donné tantôt le nom de Péricarpe (2), tantôt celui de Calice (3), suivant qu'ils renfermaient une étendue plus ou moins grande de l'ovaire, ne peuvent être considérés que comme des bractées.

Enfin les bractées reçoivent le nom d'ÉCAILLES, lorsqu'elles sont scarieuses et accompagnent les fleurs qui composent les Chatons mâles de la plupart des AMENTACÉES et CUPULIFÈRES, et les Chatons femelles de quelques genres de la première famille.

Malgré la disparité apparente que semble offrir cette réunion d'objets auxquels on a donné des noms si différens , après un mûr examen , ce ne sont que des variations dans la forme et la nature de la *Feuille proprement dite*. D'ailleurs, si l'on voulait se refuser à ranger tous ces différens corps sous un chef général, ne suffirait-il pas, pour les y ramener, de comparer

---

(1) Cette famille naturelle a été établie par M. Richard ; elle comprend tous les végétaux amentacés, pourvus d'une Bractée cupuliforme à la base des ovaires.

(2) Dans le Châtaignier (*Castanea vesca*) , le Hêtre (*Fagus sylvestris*).

(3) Dans le Noisettier (*Corylus*), le Chêne (*Quercus*).

quelles sont les nombreuses variations que les Feuilles elles-mêmes éprouvent dans leur forme, ainsi que dans leur substance ; n'en voit-on pas de ligneuses dans les Palmiers, de succulentes dans toutes les plantes grasses, etc.

La nature, les fonctions, l'organisation, les formes de toutes les parties des plantes dont je viens de faire l'énumération, étant les mêmes que dans les Feuilles, il s'ensuit nécessairement qu'on doit les considérer comme une dépendance de celles-ci.

Lorsque j'aurai parlé des Feuilles proprement dites, j'exposerai l'histoire des Stipules, Bractées, et de toutes les parties qui s'y rapportent.

TABLEAU des Espèces de Feuilles.

I. La FEUILLE proprement dite (*Folium*).

II. La STIPULE (*Stipula*).

III. La BRACTÉE.....
- 1°. La Bractée proprement dite (*Bractea*).
- 2°. L'Involucre (*Involucrum*) .... { Involucelle (*Involucellum*) }
- 3°. Le Périphoranthe (*Periphoranthium*).
- 4°. La Spathe (*Spatha*). { Spathille (*Spathilla*). }
- 5°. La Glume (*Gluma*). { Glumelle (*Glumella*). }
- 6°. Le Strobile (*Strobilus*).
- 7°. La Cupule (*Cupula*).
- 8°. La Baie ombiliquée (*Bacca umbilicata*).
- 9°. Les Écailles (*Squamæ*).

§ III.

Des Parties composant les Feuilles.

Une Feuille est essentiellement composée de ce qu'on appelle Limbe (*Limbus*), mieux encore Disque (*Discus*), Planche Ire: je dis qu'elle est essentiellement composée du Disque, parce que la portion de la Feuille qui reçoit le nom de Pétiole (*Petiolus*), et sur laquelle le Disque est porté lorsque le Pétiole existe, n'est qu'une partie accessoire, qui manque très-souvent, comme on le voit dans les Feuilles *Amplexicaules*, *Connées*, *Sessiles*, *Décurrentes*, etc.

Le Disque de la Feuille est ordinairement formé de parties simillaires, et partagé également par une nervure médiaire qui se trouve à peu près à égale distance des bords des portions qu'elle sépare ; de sorte que ces deux parties du Disque sont presque semblables ; très-peu de plantes offrent d'une manière sensible une exception à cet ordre de chose ; quelques arbres seulement, de la famille des Urticées, particulièrement les Mûriers (*Morus*), le Broussonetia (*Morus papyrifera, L.*), tendent à présenter d'une manière sensible des irrégularités dissemblables dans chacune des portions du Disque, quoique la nervure qui les sépare soit exactement médiaire ; dans quelques autres arbres, tels que les Micocouliers (*Celtis*), Ormes (*Ulmus*), un côté présente toujours plus de surface. Les Feuilles obliques sont toutes dans le même cas.

Le Pétiole est , comme je l'ai dit, une partie accessoire auxFeuilles; lorsqu'il existe, il leur sert de support:
il est intermédiaire entre le corps de la plante sur
lequel il repose, et le Disque qui lui doit sa naissance,
parce que ce Disque est le résultat de l'épanouissement des fibres qui le composent , comme on le verra
plus bas.

§ IV.

Division des Feuilles.

Les Feuilles, quelle que soit leur forme, leur nature
et de quelque espéce que puissent être les accidens
qui les accompagnent , se divisent en trois ordres.
1°. Les *Feuilles Simples;* 2°. les *Feuilles Polytomes;*
3°. les *Feuilles Composées.*

Les Feuilles *simples* sont considérées comme telles,
toutes les fois que le disque est unique, c'est-à-dire
n'a aucune incision qui se prolonge nettement sur la
nervure médiaire ; aussi une Feuille ne cesse pas d'être
simple quelques profondes que soient les incisions
qu'elle présente, pourvu que l'on puisse distinguer
une légère décurrence de toutes les incisions sur le
Pétiole.

La *Feuille simple* peut être *continue* (*Folium
continuum*); dans ce cas, son disque est unique et sans
interruption depuis son origine jusqu'à son sommet.
La *Feuille simple* peut encore être *interrompue*
(*F. interruptum*) , alors son disque est profon-
dément échancré ; surtout inférieurement, par des
incisions latérales qui se prolongent jusque sur la

nervure médiaire ; mais ces divisions, toujours plus petites que la portion terminale du disque, sont tellement adnées à la nervure, par la partie foliacée, que la décurrence démontre de suite l'existance d'une *Feuille simple.*

La Feuille *polytome* (*Folium polytomum*) est composée de plusieurs parties, ainsi que l'indique son nom ; chacune forme une petite feuille distincte isolée de ses semblables, mais qui n'est pas distincte de la feuille principale, parce que sa nervure médiaire est continue, sans aucune articulation, avec le Pétiole commun.

La Feuille *composée* (*Folium compositum*) se reconnaît très-facilement par le mode d'articulation qui réunit chacune des parties dont elle est formée ; parties qui toutes sont supportées par un Pétiole particulier qui se réunit au Pétiole commun.

Dans les Feuilles polytomes, toutes les parties sont continues ; dans celles-ci, au contraire, elles ne sont que contiguës.

Chaque Foliole de la Feuille composée est le produit de l'épanouissement de son Pétiole particulier.

En traitant séparément de ces différens ordres de Feuilles, nous donnerons sur chacun d'eux des détails plus étendus, et nous ferons connaître de quelle importance il est, dans la coordination des familles naturelles, de les bien distinguer.

Les Feuilles présentent toujours deux surfaces à leur disque, une supérieure et une inférieure, qui, dans les Feuilles obliques, doivent recevoir le nom de droite et de gauche. L'apparence et les fonctions de ces deux surfaces ne sont jamais les mêmes, comme nous le démontrerons en traitant de la physiologie des Feuilles.

§ V.

Des Feuilles avant leur développement ou Préfoliation.

Tout ce qui peut concourir à faire connaître, de la manière la plus complète, les Feuilles, ces organes précieux qui paraissent jouer un si grand rôle dans la végétation, ne doit point être négligé, quelqu'éloigné que cela semble d'abord. Ainsi nous examinerons les Feuilles dans la Graine, dans la Graine germée ou plantule et dans le Bouton, pour connaître comment elle se comporte dans ces différens états.

+ *Des Feuilles dans la Graine.*

Pour apercevoir facilement dans la graine les parties qui, plus développées, prennent le nom de Feuilles, il faut, 1°. que la graine ait acquis son plus haut degré de maturité ; 2°. qu'elle soit de dimensions qui puissent permettre d'observer les parties composant son intérieur.

Dans les plantes ENDORHIZES (*Monocotylédones*), les Feuilles sont enveloppées dans un tégument extérieur de même forme qu'elles, ce tégument doit être percé pour que ces Feuilles puissent sortir; dans cet état, elles sont enveloppées les unes par les autres, leur couleur est rarement prononcée et diffère du reste des parties intérieures de la graine.

Les Feuilles, dans la graine, sont quelquefois verdâtres ou jaunâtres, plus ordinairement blanchâtres ; elles présentent une disposition pareille à celle que devront avoir par la suite les Feuilles de la plante développée.

La manière dont elles sont pliées varie ; elle est essentiellement la même dans les plantes d'un même genre ou d'une même famille, mais n'est pas toujours celle qu'elles auront dans le Bouton de la même plante.

++ *Des Feuilles dans la Plantule.*

La disposition de ces Feuilles est toujours la même que dans la graine ; elles continuent seulement à se développer, et les cotylédons prennent un aspect différent de celui qu'ils avaient : souvent ils restent cachés sous les parties de la graine demeurées entières, et dépérissent après avoir fourni à la nourriture de la plantule, mais souvent aussi ils se développent : d'énervés, de compactes, de blancs qu'ils étaient, ils deviennent sensiblement nervés , s'aplatissent en forme de feuilles et se colorent en vert.

Les cotylédons sont une modification de la Feuille ; ils sont toujours opposés dans les plantes EXORHIZES, quelque puisse être la disposition des Feuilles sur la plante, ce qui vient du peu d'extension des parties.

+++*Des Feuilles dans le Bouton proprement dit,* ou Gemmation.

Devant parler de l'état des Feuilles dans toutes

les circonstances où la nature nous les présente, je ne négligerai pas même leur bourgeonnement (1), quoi qu'il ne soit, pour ainsi dire, qu'un accident de localité.

Le Bouton (*Gemma*) doit être considéré comme une Pousse (2), qui n'est point encore sortie des enveloppes dont la nature l'a pourvue; on doit le définir, *la portion d'une plante ligneuse renfermant un point vital, propre à produire une nouvelle partie, si elle se trouve dans des circonstances favorables pour se développer.* Le Bouton est protégé pendant les rigueurs du froid et les autres intempéries des climats, par les Écailles sous lesquelles il est caché; et l'enduit visqueux qui se remarque souvent à sa surface, le préserve de l'humidité, du froid, ainsi que le duvet qui accompagne souvent les Écailles extérieures et intérieures. Le *Bouton, Œil*, ou *Bourgeon*, comme on le nomme suivant le temps où on l'observe, n'est point dans les plantes un organe distinct, c'est seulement un état particulier à quelques unes de leurs parties, qui tendaient à se développer, mais ne l'ont pas fait à raison de circonstances propres à certains climats, et qui influent d'une manière très-sensible sur les végétaux.

Les Boutons ne s'observent que dans les plantes ligneuses, et ne pourraient en effet exister sur celles

(1) Il est restreint aux arbres des pays froids et tempérés.

(2) Terme employé par les agriculteurs pour désigner la portion d'un arbre qui se développe.

qui sont annuelles ou même vivaces, puisque leur tige périt chaque année, et que le Bourgeon est destiné à conserver sur le corps du végétal des points vitaux qui n'attendent que des circonstances propres à solliciter leur développement.

Le Bouton n'est point, comme on se l'est imaginé, une de ces prévoyances sages que l'on suppose à la nature; on a pris un résultat pour une préexistence : je m'explique, on a dit que cette partie à laquelle on donne le nom de Bouton, est destinée à conserver les jeunes pousses, et pour donner plus de vraisemblance à cette idée, on a eu soin de rappeler que tous les végétaux ligneux qui croissent dans le Nord, ont des bourgeons beaucoup plus couverts que ceux des climats plus tempérés. Il était cependant plus facile et plus simple de l'expliquer d'une autre manière.

Dès qu'un point vital est déterminé sur l'étendue d'un arbre ou d'un arbrisseau, il en résulte un petit tubercule qui cherche à se faire jour à travers l'écorce; aussitôt qu'il paraît, l'air, la lumière, la chaleur, agissent sur les folioles extérieures qui le recouvrent, changent pour ainsi dire leur nature, et de vertes qu'elles devraient être, elles passent à un état qui les rapproche de l'épiderme des arbres, dont elles ne sont point un prolongement, comme on l'a avancé. Il y a encore une autre raison qui s'oppose à ce que les Écailles des Boutons offrent un autre aspect; lorsque ces Boutons se développent, la plus grande végétation a eu lieu ; ce ne sont donc que des rudimens de branches qui résultent de ces derniers signes de végétation, et comme les principes vitaux y sont très-peu abondans, le tissu dont est formé chacune des Feuilles extérieures de ce Bouton ne peut se dilater, les Utricules restent comprimées, et nécessairement il en résulte pour ces folioles une apparence épidermoïque.

Vers la fin de l'été, lorsqu'un cultivateur aperçoit sur ses arbres de petites élévations qui annoncent le développement d'un nouveau point de végétation, il leur donne aussitôt le nom d'*Œil*. Ordinairement les Yeux sortent de l'aisselle des Feuilles ; à la fin de l'automne, où ils ont acquis les dimensions qu'ils doivent conserver pendant l'hiver, ils reçoivent le nom de *Bouton*, et se trouvent isolés sur l'étendue de l'arbre par la chute des Feuilles. Lorsqu'aux premiers jours du printemps le *Bouton* grossit et cherche à se développer, c'est alors qu'il reçoit le nom de *Bourgeon ;* ainsi c'est toujours suivant l'époque de laquelle on parle du Bourgeonnement des arbres, que l'on doit employer les trois mots d'Œil, Bouton ou Bourgeon. Il y a des arbres dont les Yeux ne deviennent Bourgeons que la seconde année ; la première ils sont très-petits, et cependant se distinguent facilement.

Des circonstances particulières peuvent avancer ou retarder l'époque du développement des *Yeux* dans les végétaux : ainsi on a vu des arbres, privés de toutes leurs Feuilles à la fin de l'été, par l'effet d'une chute abondante de grêle, des Mûriers effeuillés pour la nourriture des vers à soie, donner de nouvelles

Feuilles et de nouvelles fleurs, parce que la sève se portait sur les *Yeux*. Il en résultait que la seconde année les arbres n'avaient que très-peu de Feuilles et point de fleurs, la sève dans l'année précédente n'ayant pu fournir de nouveaux *Yeux*.

Les Boutons peuvent être retardés dans leur développement : M. Decandolle en établit la preuve dans ses *Principes de Botanique*, t. I, p. 42.

On ne doit considérer le Bouton, comme nous l'avons déjà dit, que sous le rapport d'un rameau dont le développement est suspendu par l'effet de circonstances locales ; ce n'est point un organe distinct des végétaux.

Les Boutons offrent des particularités dont il est utile de parler.

Si l'on cherche à connaître ce que présentent les branches de particulier relativement au Bouton, long-temps avant leur sortie, on observe des éminences légères semblables à de petits nœuds ; par la macération on peut remarquer qu'il se sépare quelques fibres de la partie corticale. En observant les nœuds dont nous venons de parler, on les voit se gonfler peu à peu, et enfin l'OEil paraît. On peut en distinguer l'origine, dit Senebier, trois ans avant leur parfait développement qui se fait en été ; à cette première époque, ils croissent très-peu, parce que la sève est alors employée à nourrir les Feuilles et les fruits, qui, par leur végétation active, tendent à attirer vers eux tous les principes nutritifs. Les progrès du Bouton sont plus sensibles en automne, parce qu'ils s'approprient le peu de séve qui reste encore, et qui n'est plus employée pour les fruits et les Feuilles qui, à cette époque, cessent de croître, ou sont tombés.

Il est quelques végétaux ligneux dans nos climats qui ne présentent point de Boutons ; mais si on veut les apercevoir, on peut les chercher sous l'écorce où ils demeurent cachés.

On aperçoit rarement les nouvelles pousses sur le vieux bois des branches, presque jamais sur le tronc, mais ordinairement elles partent de Bourgeons placés sur les jeunes branches.

Les points de végétation se développent toujours à l'extrémité d'un prolongement médullaire, et sont entourés de vaisseaux lymphatiques disposés sur un seul rang.

Presque toujours l'OEil part de l'aisselle des feuilles : ou si elles n'existent pas, qu'elles soient arrachées ou tombées, il sort toujours au-dessus de l'insertion où était le pétiole (1).

La disposition relative des Boutons est déterminée par celle des tiges qui suivent souvent celle des feuilles.

Dans nos contrées, les Boutons sont des dépôts précieux, et c'est sur eux que se fonde l'espérance des agriculteurs, qui, pour cette raison ont donné, à ces

____

(1) Dans le Platane (*Platanus orientalis*, *L.*) l'œil possue sous une cavité qui existe à la base du pétiole, de sorte qu'il est entièrement caché et ne paraît qu'après avoir percé la paroi supérieure de cette cavité.

parties des arbres une attention particulière ; aussi distinguent-ils parfaitement ceux qui doivent produire des fruits, de ceux qui ne donneront naissance qu'à des feuilles, production stérile à leurs yeux, mais précieuse pour les physiologistes , qui prévoient que de ces Boutons stériles doit résulter le parfait développement des parties contenues dans les bourgeons à fleurs.

Les trois espèces de *Boutons* que présentent les arbres sont ceux *à bois* ou *à feuilles*, ceux *à fleurs* ou *à fruits*, et ceux qui produisent des feuilles et des fleurs, que pour cette raison on appelle *mixtes.*

On distingue le Bouton à feuille (*Gemma foliifera , vel ramifera*), parce qu'il est peu renflé , alongé et pointu ; le Bouton à fleurs (*Gemma florifera , vel fructifera*) est renflé , court et arrondi ; ses écailles sont plus velues en dedans ; le Bouton mixte (*Gemma mixta*) porte des caractères intermédiaires.

L'usage apprend à déterminer à la seule inspection quelle est l'espèce de Bouton que l'on a sous les yeux ; et un cultivateur exercé connaît par le Bouton seulement le genre de l'arbre et même les espèces de chaque genre.

Les observations relatives aux Boutons n'ayant été dirigées que sur les arbres fruitiers de l'Europe, appartenant tous à la famille des Rosacées, elles ne peuvent être appliquées aux autres végétaux à bourgeons.

On a remarqué qu'un bourgeon à feuille, détaché et mis en terre au moment de son développement, pousse des racines et peut produire un arbre, au lieu que le bourgeon à fleur périt assez ordinairement avant de produire ses fruits; ce qu'il est facile d'expliquer par la destination de chacun de ces bourgeons.

Les Boutons, outre les caractères constans qu'ils peuvent fournir par la forme, le nombre, la disposition, la nature des écailles qui les environnent, peuvent encore servir au rapprochement des genres, dans les familles naturelles, par les considérations établies sur la disposition des feuilles dont ils sont recouverts ; cette disposition est toujours constante dans les espèces d'un même genre, et varie rarement dans les genres d'une famille naturelle.

Les feuilles ont dans le Bouton la forme qui leur est affectée; on distingue leurs nervures, leurs ramifications, leurs mailles, leur écorce, leur tissu réticulaire et utriculaire; ce qui a été démontré depuis long-temps par GREW, MALPIGHI, DUHAMEL. SENEBIER remarque que les blessures faites à ces petites feuilles ne se consolident point; ce qu'il explique par le nombre de parties préexistantes et invariables de la feuille, lesquelles ne peuvent se remplacer par de nouvelles parties, si l'on vient à en supprimer quelques unes.

La disposition des feuilles dans le Bouton est constante et peut servir de caractère pour rapprocher les végétaux en série naturelle; cette disposition peut être de plusieurs sortes, comme on le verra dans le tableau qui termine cet article.

Les arbres des climats froids et tempérés ne sont pas spécialement pourvus de ce que nous connaissons sous le nom de *Bouton;* ceux des contrées méridionales en ont aussi, mais ils présentent des caractères extérieurs qui les distinguent de ceux des végétaux ligneux de l'Europe : aussitôt que, dans un arbre de l'Amérique méridionale, par exemple, il se détermine un nouveau point de végétation, ce qui pour nous est un œil ou bouton, les petites feuilles qui le forment présentent en même temps les caractéres propres aux feuilles, parce que la végétation, toujours active, s'oppose au desséchement des petites folioles extérieures de la nouvelle pousse, de manière qu'elle est à l'état de bourgeon sans avoir besoin de passer par celui d'œil, ni de bouton.

Dans les régions équatoriales, il est très-rare qu'il se développe un bourgeon sur l'étendue des branches, parce que généralement le mode d'accroissement des arbres et arbustes a lieu de la même manière que dans les végétaux strobilifères; c'est toujours par le sommet des branches que le développement a lieu. Si, malgré cette prédisposition, la plus grande partie des végétaux ligneux de ces contrées sont rameux, cela vient de ce qu'après les deux ou trois mois de repos de la sève, il sort du sommet des rameaux deux ou trois bourgeons opposés.

Les régions très-chaudes offrent une différence manifeste dans la manière de croître des végétaux; les forêts de ces contrées, comparées à celles de l'Europe, en fournissent un exemple frappant : on né voit, sous ces nouveaux climats, que des arbres dont le sommet n'est jamais formé que par une couronne de feuilles, provenant d'un seul bourgeon sorti immédiatement de la graine, et qui ne cesse de se développer; ou bien, s'ils sont rameux, ils présentent des rameaux régulièrement dichotomes ou trichotomes.

Il est un certain nombre de végétaux exotiques des climats chauds, qui portent de véritables Boutons aux aisselles des feuilles, ainsi qu'au sommet des tiges : RAMATUEL (1) avait observé qu'ils pouvaient, par cette raison, être cultivés en Europe en pleine terre, tandis que ceux qui en étaient dépourvus exigeaient qu'on les élevât dans des serres chaudes.

M. de TUSSAC, estimable colon de St.-Domingue, et auteur de la Flore des Antilles, a fait la remarque que les arbres à bourgeons, qui existaient sous la Zône Torride, croissaient toujours dans des lieux montueux et très - élevés ; la température où ils se trouvent alors est voisine de celle que les arbres éprouvent dans les parties méridionales de l'Europe. Le même auteur a encore observé que les arbres à bourgeons, des montagnes des climats chauds, périssaient si on les transportait dans les plaines.

A l'époque de leur développement, les bourgeons, dans les végétaux d'Europe, suivent une marche

______

(1) Il ne nous reste de ce naturaliste, qui s'était livré avec succès à l'étude des arbres, que des manuscrits; nous regrettons que sa Méthode pour connaître les espèces à la seule inspection des boutons, n'ait pas été mise au jour.

inverse de celle qu'ils présentent dans leur état d'œil ou bouton. Ceux placés aux sommités des branches sortent les premiers, et successivement s'ouvrent en allant de haut en bas; ce qui est occasionné, dit M. Decandolle (1), par le grand nombre de pores corticaux dont sont pourvues les jeunes pousses. Ces jeunes branches éprouvant, dès les premiers jours du printemps, les chaleurs qui se font sentir, absorbent de l'atmosphère les principes qui leur sont propres; il en résulte la formation de molécules nutritives qui, se portant de haut en bas, doivent solliciter le développement des boutons supérieurs. Le même auteur remarque que le Mélèze (*Larix Europea*) fait exception à ce mode presque général; ce qu'il explique par l'absence totale de pores corticaux sur les branches de cet arbre.

Les rudimens des parties qui doivent sortir d'un bourgeon peuvent être aperçus à l'automne dans le Bouton. On croit cependant et avec raison que, pendant l'hiver, il se fait dans cette portion des végétaux un travail qui tend à donner un certain développement aux rudimens des fleurs et des feuilles renfermées dans le Bouton; cela est d'autant plus vraisemblable que le bourgeon s'ouvre peu après les premiers beaux jours du printemps, ce qui nécessairement n'aurait pas lieu, si un travail interne n'avait précédé ce développement. Alors les écailles qui recouvraient le bourgeon, écartées par le gonflement

_____

(1) *Principes de Botanique*, p. 45.

des feuilles, se détachent et tombent; les plus intérieures acquièrent un peu de développement; mais
bientôt elles se dessèchent et sont remplacées par des
feuilles parfaites qui forment autour des fleurs, dans
les bourgeons florifères, un abri qui les protége
encore quelques jours. Ainsi le germe d'une jeune
branche, endormi pour ainsi dire pendant un long
temps, développé avec lenteur dans le cours de l'été,
nourri pendant l'automne et l'hiver, reçoit au printemps une nouvelle vigueur, et ses progrès sont alors
d'une rapidité incroyable. Senebier présume que
toutes les parties avaient besoin de se fortifier pendant le temps qu'elles restèrent cachées, afin de se
développer ensuite comme par enchantement.

++++ *De quelques corps propres aux végétaux,
et qui se rapportent aux Boutons.*

Nous venons de déterminer exactement ce qu'on
entend par *Œil*, *Bouton* et *Bourgeon ;* mais il est
encore dans les végétaux quelques corps qui participent
des propriétés des Boutons, et dont les fonctions, la
nature, le mode de développement sont identiques
avec ceux-ci; c'est pourquoi le Bulbe, les Cayeux,
quoique portant un nom particulier, doivent être
considérés comme des Boutons, et ils sont aux plantes
annuelles ou vivaces, qui seules en sont pourvues, ce
que le bouton est à l'arbre.

Le Turion (*Turio*) est le bourgeon qui sort de la
racine de toutes les plantes vivaces; ainsi, la jeune
pousse de l'asperge est un turion.

Je crois que l'on doit placer dans la classe des boutons, section des turions, les tubérosités (*tuberculum*) de la racine d'un grand nombre de plantes ; ce sont, en effet, ainsi que les turions, des ressources que la nature se prépare pour la propagation des espèces. Les racines tubéreuses de la Pomme de terre (*Solanum tuberosum*), des Topinambours (*Helianthus tuberosus*), de la Patate (*Convolvulus batattas*), sont autant de boutons, puisqu'étant bien distincts des racines, ils ont à leur surface un ou plusieurs points, propres à prendre de l'accroissement lorsqu'ils sont placés dans des circonstances favorables.

Les boutons des plantes endorhizes (*monocotylédones*), reçoivent le nom de Bulbes (*Bulbum*), lorsqu'ils sont formés par une réunion de feuilles épaisses, blanches, imbriquées, ou se recouvrant entièrement les unes et les autres; leur réunion excède le diamètre de la tige, et est supportée par un plateau intermédiaire entre le corps du bulbe et les racines. C'est du centre de ce bulbe que s'élève le Scape, improprement appelé tige, portant souvent à son sommet un Bourgeon formé par l'avortement des feuilles terminales; quelquefois il a aussi plusieurs bulbes placés à l'aisselle des feuilles, comme on en voit dans une variété du Lis orangé (*Lilium croceum bulbiferum*); ces bulbes alors sont un peu colorés ; souvent on voit des bulbes parmi les fleurs de plusieurs espèces d'aulx.

Toutes les variétés du bulbe peuvent être ramenées à celles des boutons, excepté qu'il n'y en a point de stipulacés ; la stipule appartenant exclusivement aux plantes exorhizes (*dicotylédones*).

Le bulbe donne naissance à de nouveaux boutons , qui portent le nom de Cayeux (*Bulbuli*) tandis qu'ils sont encore autour de leur mère , et deviennent bulbes l'année suivante ; alors ils sont assez gros pour donner des fleurs.

La plus grande différence qui existe entre le bouton et les turions , tubercules et bulbes , c'est que le premier donne naissance à une partie du végétal qui persiste plus ou moins d'années ; les autres, au contraire, périssent dans l'année avec la tige qu'ils ont fait naître.

Le bulbe sert à propager les plantes, ainsi que les graines , et peut , comme le bouton , être retardé ou accéléré dans son développement; on voit tous les jours dans nos appartemens des bulbes de Jacinthe (*Hyacinthus orientalis*), de Tulipe (*Tulipa gesneriana*), de Jonquille (*Narcissus jonquilla* , *tazetta* , etc.) dont on obtient les fleurs à l'époque des plus grands froids.

Lorsque le bulbe demeure dans la terre , il a une analogie frappante avec le turion, et ne peut en être distingué que par sa nature ; lorsqu'il est placé sur l'étendue du scape, il ressemble au bouton , est axillaire ou terminal comme lui ; la seule différence entre le bouton et le bulbe , qui ne peut en être une aux yeux du physiologiste , se réduit à sa substance toujours plus aqueuse.

TABLEAU DU BOURGEONNEMENT. (*Page* 40.)

I. DU BOURGEON proprement dit, (*GEMMA*)

- *** considéré quant aux époques de son DÉVELOPPEMENT** . . . . . .
  - 1°. OEil (*Oculus*).
  - 2°. Bouton (*Hibernacula*).
  - 3°. Bourgeon (*Gemma, Surculus*).
- **** considéré quant à sa SITUATION, ou POSITION ABSOLUE** . . . . .
  - 1°. Radical ou Turion . . { *Gemma radiculia seu Turio.*
  - 2°. Caulinaire (*Caulinaria*) . . . .
    - a. Axillaire (*Axillaris*).
    - b. Suraxillaire (*Suraxillaris*).
    - c. Extraxillaire (*Extrax.re*).
    - d. Terminal (*Terminalis*).
- ***** considéré quant à sa POSITION RELATIVE.** . . . .
  - 1°. Alterne (*Alterna*).
  - 2°. Opposé (*Opposita*).
  - 3°. Verticillé (*Verticillata*).
  - 4°. Spiralé (*Spiralis*).
  - 5°. Spiralé doublement (*Quincunciata dupliciter*).
- ****** considéré quant à sa FORME.**
  - 1°. Globuleux (*Globosa*).
  - 2°. Ové (*Ovata*).
  - 3°. Oblong (*Oblonga*).
  - 4°. Teret (*Teres*).
  - 5°. Comprimé (*Compressa*).
  - 6°. Ancipité (*Anceps*).
  - 7°. Trigone (*Trigonia*).
  - 8°. Tétragone (*Tetragonia*), etc.
- ******* considéré quant à sa VESTITURE** . . . .
  - 1°. Nu (*Nuda s. Folinta*).
  - 2°. Stipulacé (*Stipulata*) . . . . . .
    - a. Exsert (*Exserta*).
    - b. Inclus (*Inclusa*).
  - 3°. Fulcracé (*Fulcrata*).
  - 4°. Écailleux (*Squamosa*) . . . . . | Écailles. . . . .
    - **† considérées quant au nombre.**
      - a. Définies (*Definita*).
      - b. Indéfinies (*Numerosa*).
    - **†† considérées quant à la disposition.** . . . .
      - a. Imbriquées (*Imbricata*).
      - b. Lâches (*Laxa*).
      - c. Sériées (*Seriata*).
      - d. Inordinées (*Inordinata*).
    - **††† considérées quant à la figure.**
      - a. Arrondies (*Rotundata*).
      - b. Ovales (*Ovata*).
      - c. Convexes (*Convexa*).
      - d. Planes (*Plana*), etc.
    - **†††† considérées quant à la substance.**
      - a. Membraneuses (*Membranacea*).
      - b. Scarieuses (*Scariosa*).
      - c. Coriaces (*Coriacea*).
      - d. Foliacées (*Foliacea*).
    - **††††† considérées quant à la surface.**
      - a. Lisses (*Lævis*).
      - b. Glabres (*Glabra*).
      - c. Visqueuses (*Viscosa*).
      - d. Pubescentes (*Pubescentia*).
      - e. Résineuses (*Resinosa*), etc.
    - **†††††† considérées quant à la couleur.**
      - a. Noires (*Nigrescentia*).
      - b. Brunes (*Fusca*).
      - c. Blanchâtres (*Albescentia*).
      - d. Roussâtres (*Rufescentia*).
    - **††††††† considérées quant à la durée.** . . . .
      - a. Caduques (*Caduca*).
      - b. Persistantes (*Persistentia*).
- ******** considéré quant à la PRÉGNATION** . . . .
  - 1°. Foliifare ou Bouton à bois (*g. Foliifera*).
  - 2°. Florifare ou Bouton à fleurs (*Florifera*).
  - 3°. Ambipare ou Bouton mixte, ou à bois et à fleurs (*Mixta*).
- ********* considéré quant à la PRÉFOLIATION** . . . .
  - 1°. Congestive (*Præfoliatio congestiva*).
  - 2°. Complective (*Complectiva*).
  - 3°. Applicative (*Applicativa*).
  - 4°. Imbricative (*Imbricativa*).
  - 5°. Équitative (*Equitativa*).
  - 6°. Obvolutive (*Obvolutiva*).
  - 7°. Involutive (*Involutiva*).
  - 8°. Révolutive (*Revolutiva*).
  - 9°. Convolutive (*Convolutiva*).
  - 10°. Crispative (*Crispativa*).
  - 11°. Plicative (*Plicativa*).
  - 12°. Conduplicative (*Conduplicativa*).
  - 13°. Réclinative (*Reclinativa*).

II. DU BULBE (*BULBUS*)

- *** considéré quant à sa SITUATION.**
  - 1°. Radical (*Radicalis*).
  - 2°. Caulinaire (*Caulinas*) . . . . . .
    - a. Axillaire (*Axillaris*).
    - b. Terminal (*Terminalis*).
- **** considéré quant à son AGE.** . .
  - 1°. Cayeux (*Bulbulus*).
  - 2°. Bulbe (*Bulbus*).
- ***** considéré quant à sa COMPOSITION** . . . .
  - 1°. Solide (*Solidus*).
  - 2°. Tuniqueux (*Tunicatus*).
  - 3°. Écailleux (*Squamosus*).
- ****** considéré quant à sa FORME.**
  - 1°. Tubéreux (*Tuberosus*).
  - 2°. Alongé (*Elongatus*).
- ******* considéré quant à sa NATURE.** . . . .
  - 1°. Herbacé-Muqueux (*Herbaceo-Muscosus*).
  - 2°. Herbacé-Farineux (*Herbaceo-Farinosus*).
- ******** considéré quant à sa COULEUR.** . . . .
  - 1°. Blanchâtre (*Albescens*).
  - 2°. Roussâtre (*Rufescens*).

III. DU TUBERCULE (*TUBERCULUS*)

- *** considéré quant à sa FORME.** . .
  - 1°. Globuleux (*Globosus*).
  - 2°. Ovale (*Ovatus*).
  - 3°. Palmé (*Palmatus*).
  - 4°. Amorphe (*Amorphus*).
- **** considéré quant au NOMBRE DES POINTS DE SA SURFACE SUSCEPTIBLES DE SE DÉVELOPPER** . . . . .
  - 1°. Uni-oculé (*Uni-oculosus*).
  - 2°. Multi-oculé (*Multi-oculosus*).
- ***** considéré quant à sa NATURE.**
  - 1°. Fibroso-Amilacé (*Fibroso-Amylaceus*).
  - 2°. Muscoso-Amilacé (*Muscoso-Amylaceus*).
  - 3°. Amilacé (*Amylaceus*).
- ****** considéré quant à sa SUPERFICIE.** . . . .
  - 1°. Uni (*Levis*).
  - 2°. Raboteux (*Rugosus*).
  - 3°. Bosselé (*Tuberculosus*).
- ******* considéré quant à sa COULEUR.** . . . .
  - 1°. Blanc (*Albus*).
  - 2°. Jaunâtre (*Lutescens*).
  - 3°. Rougeâtre (*Rubescens*).

§ VI.

De la structure intérieure des Feuilles.

On ne peut parler de la structure des feuilles sans faire connaître auparavant le pétiole dont elles sont, dans le cas le plus ordinaire, une continuation.

On appelle pétiole, comme nous l'avons vu § III, cette portion placée entre le corps de la plante et le disque de la feuille; il sort immédiatement du tronc ou du rameau, supporte la feuille, quelquefois les fleurs (1).

Le pétiole fournit immédiatement les vaisseaux et les fibres qui servent au développement des feuilles, et l'arrangement de ces fibres sous l'écorce du pétiole prédispose la forme du corps auquel elles donneront naissance. Si l'on fait une coupe horizontale sur le pétiole d'une plante exorhize (*dicotylédone*), on distingue, en soumettant la partie coupée au foyer d'un microscope, les diverses sortes de vaisseaux dont cette partie de la feuille est formée. Sa structure est la même que celle du bois, excepté que les couches ligneuses ne sont pas encore distinctes de l'obier, et comme les feuilles n'existent qu'un laps de temps très-court, il ne peut se former de ces couches ligneuses; du reste, le pétiole est absolument semblable aux jeunes pousses des arbres, et aux tiges des plantes annuelles et vivaces. Les faisceaux de

____

(1) On en a l'exemple dans plusieurs espèces de *Phyllanthus.*

fibres qui le composent sont disposés en curvilignes, et toujours en nombre impair, 3, 5. 7, 11, 13, etc. Ils sont réunis les uns aux autres par l'intermédiaire d'un tissu utriculaire ou cellulaire. Ces vaisseaux, plus ou moins prononcés constituent la partie la plus solide du pétiole ; de leur disposition résulte la forme de cette partie de la feuille ; ainsi, lorsqu'il sont placés circulairement, le pétiole est cylindroïde : on ne voit qu'une légère dépression à la partie supérieure. Si les vaisseaux sont en demi cercle, le pétiole est concave ; il ne peut être entièrement cylindrique que dans les feuilles cuculliformes, comme le *Saracenia*, parce que les fibres très - rapprochées se développent circulairement, d'où résulte une feuille dont le disque est creux. Toutes les feuilles peltées ont aussi le pétiole cylindrique ; lorsque la feuille èst privée de pétiole, elle repose sur le corps de la plante, et en reçoit directement les faisceaux de fibres.

Il est essentiel de rappeler ce que nous avons dit ailleurs, que la forme des feuilles est préexistante à leur sortie du bourgeon ; car si l'on développe celui-ci, on remarque que chaque petite feuille est composée comme la feuille entièrement développée ; l'on y remarque la dentelure, la lobature, le nombre des grosses nervures, comme dans la feuille elle-même. Nous reviendrons à ces considérations, en traitant de la physiologie de cette partie des plantes.

En considérant les faisceaux de fibres à leur sortie du pétiole, on les voit se disposer sur un plan, et se diviser pour former les nervures principales des feuilles; de ces principales nervures s'en détachent de plus petites, et ainsi de suite jusqu'aux dernières ramifications sensibles à l'œil, et avec le secours des instrumens d'optique.

On a cru pendant long-temps que les feuilles n'étaient recouvertes que par une membrane simple que l'on appelait épiderme; mais de Saussure a démontré (1) que c'était une écorce, sous l'aspect d'une membrane grise tirant sur le blanc, fine et demi-transparente. Si on la soumet à l'observation microscopique, on apercevra qu'elle est formée, 1°. d'un *Réseau*, qu'il appelle *Cortical;* 2°. de corps oblongs, qu'il nomme *Glandes corticales ;* 3°. d'une membrane extérieure, qui forme l'épiderme vrai.

La forme des mailles du Réseau cortical varie suivant les espèces de plantes, quelquefois même dans l'étendue de la feuille; elles sont plus régulières dans l'écorce qui couvre la surface supérieure, que dans celle de la surface inférieure; elles sont plus alongées et plus étroites près le pétiole, que dans les autres portions de l'étendue de la feuille; en général, leur diamètre est plus grand près des grosses nervures et leur est parallèle. Ces considérations font présumer que l'écorce des feuilles provient de l'épanouissement de l'écorce de leur pétiole.

Les filets du Réseau cortical incolores s'anastomosent partout où ils se rencontrent, sans se croiser

____

(1) Dans ses *Observations sur l'écorce des Feuilles et des Pétales.*

ni se nouer, ce qui fait croire que ce sont des vaisseaux lymphatiques, plutôt que des fibres.

Les Glandes corticales sont de petits corps oblongs adhérens aux mailles du Réseau cortical; elles sont embrassées par une fibre ou un vaisseau, qui conserve à peu près la figure de la glande qu'elle circonscrit, mais à laquelle cette fibre ne touche point, y ayant entre ces deux parties un intervalle sensible. Ces Glandes corticales sont ordinairement ovoïdes, quelquefois circulaires. La figure de la fibre qui environne les Glandes est à peu près elliptique ; elle a les propriétés de la fibre corticale.

A l'aide d'une loupe, dans beaucoup de plantes, on voit les Glandes corticales à travers l'épiderme, ce sont comme autant de points blancs. Grew, qui les avait observées, a cru que ces points étaient autant d'organes absorbans ou excrétoires. Guettard les a aussi considérées comme des glandes; il a parlé avec exactitude de leur arrangement sur un grand nombre de feuilles; ce sont les Glandes auxquelles il a donné le nom de *Milliaires*, qu'il n'a reconnu que sur un certain nombre de plantes, et qui doivent exister dans toutes les embryonées.

L'épiderme recouvre les deux parties de l'écorce des feuilles dont nous venons de parler ; il est formé par une membrane très - délicate, transparente et incolore; en le soumettant au foyer d'une forte loupe, on ne peut apercevoir ni fibres ni pores, par conséquent aucune organisation. Ce tissu serré fait que l'épiderme est propre à empêcher les petits corps tenus en suspension dans l'atmosphére , de pénétrer l'intérieur de la feuille , ce qui aurait pu suspendre leur développement ; par son élasticité, malgré son extrême finesse, cet épiderme est assez fort pour contenir dans leur place et limiter le développement des organes composant le tissu inférieur de l'écorce, et ceux qui forment l'intérieur des feuilles; il doit servir encore très-utilement à défendre les vaisseaux délicats du parenchyme qui, sans cela , auraient pu être brisés au moindre choc. Enfin , l'épiderme des feuilles étant très-sensible à l'action de la chaleur et à l'humidité , peut , pour l'utilité de la plante , se modifier suivant l'état de l'atmosphére et la nature des corps environnans.

Lorsqu'on a enlevé l'écorce des feuilles, on aperçoit un Réseau (PLANCHE II) formé par les vaisseaux qui se divisent, se subdivisent et s'anastomosent dans un grand nombre de points ; c'est ce réseau qui forme le squelette des feuilles, c'est ce merveilleux tissu qu'une longue macération ou les insectes mettent quelquefois à nu.

On a cru reconnaître que le tissu réticulaire formait deux couches qui pouvaient se séparer l'une de l'autre, ce qu'il est très-facile d'observer. HOLLMAN (1) est le premier qui, avec beaucoup de soin et de patience, soit parvenu à les isoler l'une de l'autre dans les feuilles du Poirier; *Linné* qui a répété les mêmes observations sur les feuilles du Poirier et du Pommier, a vu

(1) *Philosophical Transactions*, 1741.

de plus que le réseau de la face supérieure a ses mailles plus rapprochées que celles de la face infé-rieure; il a aussi remarqué que ces deux couches ou réseaux s'unissaient par l'anastomose de leurs vaisseaux : dans les feuilles de l'Opuntia (*Cactus opontia*), il est très-aisé de reconnaître ces deux couches de tissu réticulaire, comme l'a observé Ruisch le premier; Ledermuller a distingué que l'une a les mailles plus petites que l'autre. Comme ces deux couches de tissu réticulaire sont très-minces, on ne réussit pas toujours à les isoler l'une de l'autre. Hedwig assure qu'il y a trois réseaux dans les feuilles du Poirier et du Citronnier; ne sont-ce point plutôt trois couches enlevées sur un seul réseau?

Ludwig croit que des deux tissus réticulaires des feuilles, le supérieur a ses vaisseaux cylindriques liés entr'eux par le tissu cellulaire, l'inférieur a ses vaisseaux plus plats, moins polis et adhérens aux premiers. Ailleurs nous parlerons des fonctions de ces vaisseaux des feuilles.

Il serait peut-être assez vraisemblable de penser que le réseau utriculaire est intermédiaire entre les deux couches du tissu réticulaire que l'on a cru reconnaître; mais il est difficile de l'imaginer d'après l'inspection de l'organisation intérieure de la feuille. Quant à la membrane que l'on a cru voir comme intermédiaire entre les lames de tissu réticulaire, elle est probablement illusoire, au moins la plus attentive considération de toutes les parties composant la feuille, ne m'a offert rien de semblable. Il nous reste à faire connaître cette partie appelée Parenchyme, tissu *utriculaire*, *cellulaire*, *vasculaire*, *parenchy-mateux*; c'est la partie verte contenue dans les mailles du tissu réticulaire ; GREW et MALPIGHI nous ont appris qu'il est formé par un grand nombre d'utricules ou vésicules , d'où il a pris son nom. Ces vésicules se touchent immédiatement et constituent une suite d'asnatomoses formant un réseau contenu dans le tissu réticulaire : SENEBIER considère les utri-cules qui composent ce réseau, comme des vaisseaux transparens par eux-mêmes , mais colorés par la pré-sence d'un suc dont ils sont remplis ; d'après DUHAMEL, ces utricules sont liés entre eux par des vaisseaux très-fins , et, comme l'a remarqué HILL , joints avec les gros vaisseaux par des vaisseaux plus petits. Les utricules ne sont pas uniformément de la même gros-seur ; GREW les comparait à l'écume qui se forme à la surface du vin dans l'état de fermentation.

La direction des utricules est toujours horizontale , et les séries qui résultent de leurs anastomoses coupent à angle droit les fibres longitudinales du tissu réti-culaires.

A ces observations générales sur la structure des feuilles , on doit en ajouter une dernière ; elle est relative à la prodigieuse quantité de pores dont les feuilles sont parsemées. LOWENHOEK qui l'observa le premier, a eu la patience de compter ceux qui cou-vraient la surface d'une feuille de buis ; ils s'élevaient à cent soixante-douze mille. Quoique ces pores soient très-visibles au microscope ordinaire, on ne peut

découvrir si leur ouverture communique au dehors ;
ils sont recouverts par l'épiderme, et les meilleurs
instrumens, pas même le microscope solaire, ne suffisent pour prouver l'existence de ces ouvertures dans
cette partie de la feuille ; cependant, avec HEDWIG (1)
et COMPARETTI, il est impossible de ne pas en soupçonner. Les seules ouvertures rendues sensibles sont
celles que l'on découvre au sommet des poils d'un
grand nombre de plantes, telles que les Orties.
HOOC (2) est le premier qui ait démontré que ces
poils sont des tubes percés établissant une communi-
cation avec la partie intérieure de la feuille.

§ VII.

Des Moyens employés par la nature pour déter-
miner la forme des Feuilles.

D'après ce que nous venons de dire sur la structure
intérieure des feuilles, il n'y a pas de doute que la
partie la plus solide, ou le tissu réticulaire, ne soit la
cause déterminante de leur forme, provenant du mode
de distribution des plus gros faisceaux de tubes vas-
culaires.

On a cherché à rendre raison de la distribution
particulière de ces faisceaux, qui sont toujours en
nombre impair ; la manière dont la feuille existe, soit
dans le Bouton ou au moment qu'elle sort du Bourgeon,
l'explique et donne la solution de ce problême.

(1) *Theoria generationis et fructificationis plantarum cryptogami-*
carum.

(2) *Micrographia curiosa.*

Aussitôt qu'il se détermine un point qui doit donner naissance à une feuille, il est unique ; mais comme la végétation suit toujours la ligne la plus directe, il résulte que la force végétative se porte particuliérement vers le centre du corps qui se forme, c'est ce qui donne naissance à la nervure médiaire des feuilles, toujours plus grosse : mais comme la force qui tend à former le centre de la feuille peut aussi, mais d'une manière plus faible, faire naître de chaque côté des portions latérales qui, n'ayant aucune raison pour se trouver plus grandes l'une que l'autre, sont nécessairement composées d'un égal nombre de nervures qui, réunies avec la nervure médiaire, doivent produire un nombre impair. Dans les feuilles peltées, où l'épanouissement des fibres qui forment les nervures des feuilles n'est pas assujéti tout à fait au même mode de développement, j'ai remarqué que le nombre pair des nervures principales était aussi ordinaire que le nombre impair.

La nervure médiaire produit des deux côtés un nombre de nervures égales dans chaque feuille, mais variables dans les espéces ; chacune d'elles se prolonge plus ou moins, et laisse de chaque côté une nervure plus petite qui, en s'anastomosant avec celles des nervures voisines, forme le disque de la feuille. Si toutes les nervures principales cessent, vers leur sommet, de donner naissance, dans une étendue quelconque, à des parties latérales, il en résulte que la feuille offre des soies, si ces nervures sont fines, comme dans beaucoup d'espéces de chêne, ou des épines si elles sont dures et solides, comme dans le houx et une grande quantité d'autres plantes.

Il est à remarquer que les feuilles dont le tissu est très-resserré, sont toujours entières vers leurs bords, et que souvent elles n'ont que la nervure médiaire très-prononcée. Leurs limbes sont formés quelquefois par la duplicature de l'écorce; alors ils sont un peu transparens ; plus souvent aussi formés par les anastomoses des vaisseaux ; ils sont opaques, épais, quelquefois cartilagineux comme dans le buis.

Les lobes des feuilles résultent d'un grand écartement entre les nervures principales, ou d'une cessation d'épanouissement des fibres latérales ; les *Crénelures*, *Dentelures*, *Echancrures* sont aussi le résultat du même mode de développement dans les feuilles.

Cette disposition est particulière aux plantes Exo-RHIZES (*Dicotylédones*), car les ENDORHIZES (*Monocotylédones*) n'offrent que rarement une nervure principale; dans ce cas, elles sont toujours sessiles, ou au moins le pétiole n'est pas un corps distinct; les nervures, un peu rapprochées, se dilatent un peu et s'élargissent pour former le disque de la feuille, mais ces nervures restent toujours parallèles.

SECONDE SECTION.

Considérations particulières sur les Feuilles.

PARAGR. Ier.

Du mode d'insertion des Feuilles.

LES Feuilles doivent d'abord être considérées sous le rapport de leur mode d'annexion avec le corps de la plante, ainsi que sous le rapport du point de la surface de la plante à laquelle elles sont fixées.

+ *Annexion médiate.*

1°. FEUILLES PÉTIOLÉES (*Folia petiolata*). PL. IX.

Ce cas est le plus général; aussi, dans une description de plante, on sous-entend toujours que la feuille est pourvue d'un pétiole, lorsqu'on n'a pas occasion d'en parler sous le rapport de quelques singularités qui lui soient particulières et dont on puisse faire mention.

2°. FEUILLES SUBPÉTIOLÉES (*Folia subpetiolata*). PLANCHE X.

Je donne ce nom aux feuilles qui ont un pétiole, mais dont la base du disque se prolonge par décurrence jusque vers le point d'insertion du pétiole ; un grand nombre de plantes de la famille des Composées sont dans ce cas.

3°. FEUILLES PELTÉES (*Folia peltata*). PL. XV.

On appelle encore ces feuilles *pavoisées ;* ce sont celles dont le pétiole est implanté dans une étendue de la surface , et plus ou moins central , ainsi qu'on le voit dans la Capucine (*Tropaeolum majus*) , l'*Arum colocasia* et beaucoup d'autres plantes ; cependant , généralement parlant , cette espèce est rare dans la nature.

++ *Annexion immédiate.*

L'annexion immédiate a lieu lorsque le disque de la feuille repose sur le corps de la plante ; ce qui peut s'opérer de différentes manières.

1°. FEUILLES SESSILES (*Folia sessilia*). PL. IV.

Ce sont les feuilles appuyées sur le végétal qui leur a donné naissance , mais ne présentant aucune autre particularité dans ce mode d'annexion. Ce caractère est quelquefois général pour un grand nombre de plantes d'une même famille , telles que la plupart des *Composées.*

2°. FEUILLES ADNÉES (*Folia adnata*).

Les feuilles adnées sont toujours sessiles , mais , outre cela , elles ont une telle disposition , comparée avec la plante , qu'elles semblent être collées dessus par une grande partie de leur étendue. On en voit des exemples dans le *Xeranthemum vestitum* et dans plusieurs espéces de Bruyéres et de *Diosma*.

3°. FEUILLES DEMI - AMPLEXICAULES (*Folia semi-amplexicaulia*). PL. V.

C'est une feuille *sessile*, dont la base du disque se prolonge de chaque côté, de manière qu'elle touche une partie de la circonférence de la branche ou de la tige. Plusieurs plantes de la section des Composées, appelées CARDUACÉES ou FLOSCULEUSES.

4°. FEUILLES AMPLEXICAULES (*Folia amplexicaulia*).

Elles ne diffèrent des précédentes que parce que la base du disque embrasse entièrement la tige, ou la branche d'une plante, sans y être cependant adnée dans toute son étendue ; elles sont plus rares que les semi-amplexicaules, parce qu'aussitôt qu'elles embrassent d'une manière très - évidente leur support et qu'elles y sont adnées, elles prennent le nom suivant :

5°. FEUILLES PERFOLIÉES OU PERFEUILLÉES (*Folia perfoliata*). PL. VI.

Lorsque la base du disque est adnée autour de la plante, et qu'elle se prolonge de manière à ce qu'elle paraisse traversée par la plante, elle est appelée *Perfoliée*. Il n'y a qu'un très-petit nombre de végétaux qui offrent ce caractère ; exemple le *Buplevrum rotundifolium*, le *Cerastium perfoliatum*, la *Raphnia perfoliata*, etc.

6°. Feuilles décurrantes ou courantes (*Folia decurrantia*). Pl. VII.

C'est une feuille *sessile*, dont les parties inférieures se prolongent et se dirigent de haut en bas sur la tige de certaines plantes. Cette variété de feuille ne se rencontre que dans les végétaux annuels ou vivaces. Beaucoup de chardons sont dans ce cas.

7°. Feuilles gaînantes ou engaînantes (*Folia vaginantia*).

C'est une feuille *sessile*, dont la base forme un tube cylindrique qui enveloppe complettement une partie de la tige. Cette feuille appartient uniquement à la division des végétaux Endorhizes (*Dicotylédones*), et particulièrement aux Graminées et aux Cypéracées. Lorsque dans une plante Endorhize on voit les feuilles radicales gaînantes, c'est toujours l'annonce d'une plante bulbeuse, comme on le voit pour le Lis (*Lilium candidum*) et la Tulipe (*Tulipa gesneriana*) et la plupart des Liliacées.

8°. Feuilles connées (*Folia connata*). Pl. VIII.

On appelle ainsi les feuilles *sessiles opposées*, dont la base est tellement réunie, qu'elles ne semblent former qu'une seule feuille, comme on le voit dans le *Silphium connatum*, le *Dipsacus fullonum*, etc.

On a donné quelquefois improprement le nom de Perfoliées à des feuilles évidemment connées, et la *Chlora perfoliata* en est un exemple. On peut distinguer cependant très-facilement ces deux variétés de feuilles, puisque l'on voit toujours deux nervures médiaires dans les *feuilles connées*, une pour chaque feuille, et qu'il n'y en a qu'une seule pour les *feuilles perfoliées*; et d'ailleurs, dans ces dernières, il y a toujours une portion de la feuille beaucoup plus petite, et placée à l'opposé de la plus grande portion du disque.

§ II.

Des noms assignés aux Feuilles, suivant la partie de la plante sur laquelle elles se trouvent fixées.

Si toutes les feuilles d'une plante eussent présenté la même forme, sans considérer les parties qu'elles en occupent, il eût été inutile d'assigner des noms particuliers à celles qui se trouvent proches de la racine, de la tige, ou qui avoisinent les fleurs. Cette diversité dans la forme des feuilles ne se remarque généralement que dans les plantes herbacées ou vivaces; les arbres ont presque toujours des feuilles semblables sur toute leur étendue; seulement, comme à tous les végétaux, on leur distingue des feuilles séminales, parce qu'elles ont constamment dans toutes les plantes une forme différente de celle des feuilles qui se développent ensuite.

Elles reçoivent les noms suivans d'après la partie de la plante sur laquelle elles sont fixées :

1°. FEUILLES SÉMINALES OU COTYLÉDONAIRES (*Folia. seminalia*). PL. III.

J'appelle ainsi les lobes des cotylédons observés

soit avant, soit après la germination; on ne peut les considérer que comme des feuilles quelquefois très-épaisses, rarement échancrées, qui très-souvent ne se développent pas, mais souvent aussi ils prennent l'aspect d'une feuille charnue dans un grand nombre de plantes; telles sont toutes les CRUCIFÈRES.

2°. FEUILLES PRIMORDIALES (*Folia primordiala*).
PL. III.

Ce sont les feuilles qui existent antérieurement à la germination, et que l'on peut très-facilement voir dans la plupart des graines d'un diamètre un peu étendu; elles se développent toujours; elles ont une forme semblable aux autres feuilles , et ne présentent aucune différence lorsqu'on les compare long-temps après leur développement.

3°. FEUILLES RADICALES (*Folia radicalia*).

Cette désignation convient aux feuilles qui entourent la base d'une tige.

Les radicales existent dans toutes les plantes annuelles et vivaces; celles qui sont sans tiges ou qui n'ont qu'un *scape* n'offrent que cette espèce de feuilles. Généralement les feuilles radicales sont très-grandes, comparées à celles des autres parties de la même plante.

4°. FEUILLES CAULINAIRES (*Folia caulinaria*).
Celles qui se trouvent sur l'étendue de la tige.

5°. FEUILLES RAMAIRES OU RAMÉALES (*Folia ramea*).
Toutes celles qui sont fixées aux rameaux.

6°. **Feuilles caractéristiques** (*Folia caracte-ristica*).

Sous ce nom, M. Decandolle renferme les feuilles *radicales*, *caulinaires* et *ramaires*, parce qu'elles servent à caractériser le plus ordinairement les espèces.

7°. **Feuilles florales** (*Folia floralia*).

Ces variétés de feuilles sont de deux sortes ou semblables aux autres feuilles, et alors elles portent simplement le nom de *feuilles florales*, ou elles diffèrent des autres feuilles, et reçoivent le nom de *bractées* (*bractea*). Lorsque nous aurons traité des *Feuilles proprement dites*, nous reviendrons aux bractées et à quelques autres modifications des feuilles désignées sous d'autres noms, ainsi que je l'ai annoncé.

§ III.

De la disposition des Feuilles relativement les unes aux autres.

La disposition des feuilles est une des considérations les plus intéressantes à faire, parce que les caractères que fournit cette disposition servent beaucoup dans la coordination des genres en séries naturelles, et parce que le plus ordinairement la disposition des feuilles est la même dans les familles naturelles, ou au moins dans les sections les plus naturelles de ces familles ; souvent, à la simple inspection des feuilles, on peut ramener une plante au groupe naturel dont elle fait partie ; il est presque constant de voir dans les mêmes espèces d'un genre les feuilles placées de la même manière. Il est à remarquer que cette disposition des feuilles tend constamment à les placer de manière qu'elles soient le moins possible recouvertes les unes par les autres : la physiologie des feuilles nous apprendra quelle est la raison qui détermine ce mode dans leur arrangement.

Les feuilles sont disposées ou irrégulièrement ou régulièrement ; dans le premier cas, on les appelle :

I. Feuilles éparses (*Folia sparsa*).

C'est lorsque les feuilles, considérées sur une partie quelconque d'une plante, ou sur toute la plante, ne présentent aucun ordre que l'on puisse déterminer, comme on peut le voir dans tous les Lis (*Lilium candidum, croceum, pomponicum, superbum,* etc.), dans la *Passerina capitata* , dans l'*Hieracium sabaudum*. On doit remarquer que les *feuilles éparses* sont plus rares que les feuilles régulièrement sériées, parce qu'il y a des raisons physiologiques qui s'y opposent. Les feuilles peuvent être encore éparses, ou isolées les unes des autres, mais offrir des combinaisons quelconques, comparées les unes aux autres en plus ou moins grand nombre ; ainsi elles peuvent être simplement :

1°. Feuilles alternes (*Folia alterna*). Planche XI.

Alors elles sont placées alternativement, et à égale distance l'une de l'autre, à droite et à gauche, de manière que la première se trouve recouverte par la troisième, et la seconde par la quatrième. On en voit un exemple dans les Ormes (*Ulmus campestris*, *crenata*, etc.), les Micocouliers (*Celtis occidentalis*, *cordifolia*, *Tournefortii*, etc.)

2°. FEUILLES ALTERNES DISTIQUES (*Folia alterna disticha*).

Ce sont des feuilles alternes, mais disposées sur les branches de manière à ce que tous les pétioles soient insérés sur deux lignes parallèles ; l'If (*Taxus baccata*), le Sapin (*Abies alba, picea*, etc.), et beaucoup d'autres végétaux.

3°. FEUILLES QUINCONCÉES, ou en QUINCONCE (*Folia quinconcia*).

Ce sont des feuilles alternes, placées sur la tige, en spirale plus ou moins alongée; elles sont disposées de telle sorte, relativement les unes aux autres, que la première est recouverte par la cinquième, la seconde par la sixième, la troisième par la septième, et ainsi des autres, toujours de cinq en cinq. Sur plusieurs de nos arbres fruitiers, comme le Poirier (*Pyrus communis*), on peut observer cette disposition de feuilles; elle n'est même pas rare dans les végétaux.

4°. FEUILLES SPIRALÉES (*Folia spiralia*).

C'est lorsqu'une suite de feuilles alternes sont disposées en spirale, composée de plus de cinq feuilles; plusieurs espèces de *Pandanus* offrent cette disposition. Les feuilles spiralées se dirigent toutes à droite ou à gauche. Il peut y avoir, comme dans les Pins, des feuilles formant deux spirales parallèles; quelquefois il y a trois rangs parallèles de feuilles spiralées, comme dans quelques Euphorbes (*Euphorbia cyparissias, segetalis,* etc.)

Les folioles qui forment les involucres de beaucoup de composées sont souvent sur un plus grand nombre de rangs parallèles.

Un second ordre de disposition des feuilles renferme celles qui sont rapprochées les unes des autres par la base ou par leur pétiole.

II. Feuilles opposées (*Folia opposita*). Pl. XII.

Les feuilles reçoivent ce nom lorsque, sur une coupe transversale d'une plante, on voit deux feuilles en opposition directe, et formant comme le diamètre d'un cercle dont la tige ou la branche serait le point central.

Les feuilles opposées, comparées aux feuilles ou paires de feuilles d'une même plante, ont une disposition distique.

1°. Feuilles opposées, *croisées* ou *à paires croisées* (*Folia cruciatim opposita* seu *decussata*).

Ce mode d'arrangement fait que chaque paire de feuille est coupée à angle droit par celle qui est au dessus, ou celle qui est au dessous; il en résulte que de quatre paires, il y en a toujours deux qui se trouvent en opposition sur tous les points. On voit généralement ce mode de feuilles dans toutes les Rubiacées étrangères; comme cette disposition est la plus générale pour les feuilles opposées, on en fait rarement

(61)

mention, parce que le mot d'*opposée*, si l'on n'y place point auprès un correctif, entraîne celui *en croix*.

2°. FEUILLES OPPOSÉES *à paires spiralées* (*Folia spi-raliter opposita*).

Cette disposition a lieu toutes les fois que chaque paire de feuilles coupe la direction de la précédente, sous un angle variable dans les espèces différentes, mais semblable dans les mêmes espèces; il en résulte que la première paire, au lieu d'être recouverte par la troisième, ne l'est que par la cinquième, sixième ou septième, suivant l'angle formé par chaque paire: La *Crassula obvalata* est citée par M. Decandolle comme offrant cette disposition.

3°. FEUILLES OPPOSÉES *distiquement* (*Folia opposita disticha*).

On appelle encore cette disposition *flabellaire* ou *flabelliforme*, lorsque les feuilles sont toutes opposées deux à deux, et que leur direction générale est sur deux lignes parallèles, comme dans les feuilles *alternes distiques*. Beaucoup de MIRTÉES sont dans ce cas.

Les feuilles peuvent encore être opposées en *verticille* ou *verticillées* (PL. XIV); mais alors elles sont toujours en nombre au dessus de deux, et la base de leur pétiole converge au même point du centre de la tige qui les supporte. Les angles qui les séparent sont toujours semblables.

a. Feuilles ternées (*Folia ternata*) PL. XIII.

Trois feuilles en verticille autour d'une branche. Exemple, le *Laurier rose* (*Nerium oleander*). Quelques auteurs ont mal à propos donné le nom de *feuilles ternées* à celles du Tréfle et autres plantes à trois folioles.

b. Feuilles quaternées (*Folia quaternata*). Quatre feuilles en verticille. Exemple, la Garance (*Rubia tinctoria*).

c. Feuilles quinées (*Folia quinata*). Cinq feuilles par verticille; on en voit des exemples dans les Caillelaits ou Gaillets (*Galium*).

d. Feuilles sixainées. Six feuilles disposées en verticille; on en voit des exemples dans les Gaillets, ainsi que pour les suivantes :

e. Feuilles septainées ;

f. Feuilles huitainées ;

g. Feuilles neuvainées ;

h. Feuilles dixainées ;

i. Feuilles onzainées ;

k. Feuilles douzainées, etc. , etc.

L'usage n'a point encore consacré ces différens mots proposés par M. Richard ; lorsqu'on veut désigner de combien de feuilles est composé un verticille, on dit qu'il est à 3 , 4 , 5 , 6 , 7 , 8 , 9 feuilles (*verticillus tri , quadrifolius ,* etc.) Il est une sorte de disposition des feuilles qui semble s'être concentrée dans une seule famille, ce sont les :

FEUILLES GÉMINÉES (*Folia geminata*).

Ces feuilles sont placées deux par deux, les unes

auprès des autres, mais distinctes par leur pétiole; cette disposition variable et peu régulière ne s'observe que dans quelques genres de la famille des SOLANÉES.

§ IV.

Des Feuilles considérées quant à la distance qui existe entre elles.

Il est peu essentiel de déterminer exactement l'espace contenu entre chaque feuille; mais il est nécessaire de généraliser cet espace par quelques expressions qui indiquent à peu près la position relative des feuilles, ce qui fournit des caractères additionnels qui, souvent, suffisent pour distinguer très-facilement telle espèce de telle autre. Dans les expressions de lâches, serrées, écartées, on doit avoir attention de considérer la stature des plantes auxquelles on les applique, parce qu'il arriverait que les feuilles qui seraient *serrées* dans un grand végétal, seraient très-*lâches* dans une petite plante.

Les feuilles sont :

1°. ECARTÉES (*Folia distantia*).

Ce sont les feuilles éloignées les unes des autres; on doit regarder comme telles la plupart des feuilles caulinaires des plantes à fleurs composées.

2°. FEUILLES RAPPROCHÉES , ou *ramassées , où rassemblées (Folia appropinquata*).

Ce sont les feuilles dont la distance, comparée à la grandeur du disque, ne se trouve pas proportionnée;

ainsi, les feuilles sont très-rapprochées dans les *Abies*, et même dans le *Taxus*.

3°. Feuilles serrées (*Folia conferta*).

Les feuilles serrées sont toujours plus près les unes des autres, comparativement, que lorsqu'elles sont simplement rapprochées. Les feuilles de la plupart des variétés de *Choux* et de *Laitues* sont très-serrées les unes auprès des autres, non relativement à leur disque, mais relativement à la base de leurs pétioles, qui sont très-rapprochés les uns des autres, comparés à la grandeur du disque de la feuille.

4°. Feuilles imbriquées (*Folia imbricata*).

Les feuilles considérées hors du bourgeon, sont imbriquées, lorsqu'elles sont disposées de manière que les unes recouvrent une étendue quelconque de la surface des autres, et sont à leur tour recouvertes en partie par celles qui les précèdent ; elles suivent en cela la disposition des tuiles sur les toits. On en voit des exemples dans plusieurs *Diosma*, dans des espèces de *Cupressus Junipernus*, dans la *Passerina filiformis*, et dans un grand nombre de Bruyères. Les feuilles imbriquées ne se trouvent que sur les plantes dont les feuilles sont sessiles, et généralement on ne remarque cette disposition que sur celles qui ont ces organes très-petits. On distingue plusieurs manières d'être des feuilles imbriquées.

a. Feuilles bisériées (Folia imbricata biseriata).

C'est lorsque les feuilles sont imbriquées sur deux rangs seulement.

b. Feuilles imbriquées trisériées (Folia imbricata triseriata).

Feuilles imbriquées et disposées sur trois rangs.

c. Feuilles imbriquées quadrisériées (Folia imbricata quadriseriata). PLAN. XVI.

Cette disposition se rencontre fréquemment dans les Bruyères et dans les *Diosma*. Dans ce cas, la plante est comme tétragone.

d. Feuilles imbriquées inordinement (Folia imbr. inordinata).

Ce sont celles qui se recouvrent sans présenter de séries régulières; le plus ordinairement elles sont alternes.

5° FEUILLES CHEVAUCHANTES *(Folia equitantia).*

Les feuilles auxquelles on donne ce nom, sont disposées de manière qu'une partie du disque de l'une couvre une portion du disque de l'autre, sans cependant qu'il y ait imbrication. Quelques auteurs ont restreint l'application de *Feuilles chevauchantes*, à celles seulement qui étant pliées comme en gouttières et carennées sur le dos, sont imbriquées; alors la seule différence entre imbrication et chevauchement, consisterait dans l'application des corps plans ou convexes, les uns à la suite des autres.

Il y a différens modes de chevauchement des feuilles.

a. *Distiquement.*

Lorsque les feuilles étant distiques, se recouvrent par leurs bords, comme on en voit un exemple dans le *Lagerstromia indica*.

b. *Ancipitiquement.*

Cette disposition a lieu toutes les fois que les feuilles ancipitées s'engainent vers la base, immédiatement les unes au-dessus des autres, et se succèdent ainsi arrangées sur deux rangs; on ne peut voir ce mode de distribution des feuilles que dans les plantes ENDORHIZES (*Monocotylédonés*). On en voit un exemple dans une plante culinaire très-commune, le Poireau (*Allium Porrum*).

c. *Trisériées.*

Les feuilles chevauchantes peuvent être disposées sur trois rangs; alors elles portent le nom de Trisériées. On voit peu d'exemples de cette disposition de feuilles, et seulement sur des végétaux ligneux.

d. *Quadrisériées.*

On appelle ainsi les feuilles chevauchantes qui forment quatre séries, disposées sur le corps de la plante, de manière à lui donner un aspect comme quadrangulaire. Quelques Lycopodes présentent deux de ces séries, dont les feuilles sont beaucoup plus petites.

On peut encore dire *Quinquesériées*, *Sexsériées*, etc., dans le même sens, lorsque le nombre des séries augmentera.

6°. FEUILLES FASCICULÉES (*Folia Fasciculata*).

Les feuilles présentent cette disposition, toutes les fois que les bases de leurs pédoncules sont très-rapprochées les unes des autres, de manière à faire paraître les feuilles réunies en faisceau; deux causes peuvent prédisposer les feuilles à se présenter en groupes : ou les rameaux qui les portent ne se sont point développés, par un mode d'accroissement propre à certaines plantes, et alors l'écartement des feuilles, relativement les unes aux autres, n'a pu avoir lieu; ou bien plusieurs feuilles prennent naissance vers un même point.

On remarque particuliérement les feuilles fasciculées dans les ENDORHIZES (*Monocotylédones*). Plusieurs Asperges en fournissent des exemples. Le Mélèze (*Larix Europea*) , en est encore un exemple frappant. Si le nombre des feuilles qui composent chaque faisceau est constant, on peut l'énumérer, et l'employer comme caractères spécifiques.

7°. FEUILLES COURONNANTES (*Folia coronata.*)

Pour que l'on puisse donner le nom de Couronnantes à des feuilles, il est nécessaire qu'elles soient réunies plusieurs ensemble, très-rapprochées les unes des autres, et placées au sommet des rameaux; beaucoup de végétaux offrent cette disposition; d'abord toutes les espéces de Sang-Dragon (*Dracaena*); tous les Palmiers; les arbres qui composent le genre *Terminalia* : dans les plantes herbacées, on remarque l'Impériale (*Fritillaria imperialis*).

Nous remarquerons que c'est particuliérement dans les climats chauds que l'on trouve des arbres à feuilles fasciculées, ce qu'il est facile d'expliquer d'après le mode de développement des végétaux de ces contrées, comme nous l'avons déjà fait voir (*page* 35).

8°. FEUILLES CAPITÉES (*Folia capitata*).

Les feuilles capitées sont rares dans la nature, parce qu'elles tiennent à un développement du végétal qui n'est pas celui que suit ordinairement la nature. Dans ce cas, les feuilles toutes recouvertes les unes par les autres, forment une tête plus ou moins arrondie. Ces feuilles sont placées de la même manière que les enveloppes successives qui couvrent les Ognons; les Choux pommés, les Laitues pommées, présentent cette disposition; les feuilles qui forment les têtes florifères des *Protea*, sont aussi dans ce cas.

9°. FEUILLES ROSELLÉES (*Folia rosacea*).

M. RICHARD appelle ainsi, et avec raison, toutes les feuilles qui, étant réunies en groupes, sont presque semblables et disposées comme les pétales d'une Rose, les plus petites étant placées intérieurement; on remarque les feuilles Rosellées particuliérement dans les Joubarbes la Joubarbe en arbre (*Sempervivum arboreum L.*) forme, par suite de cette disposition, un très-joli arbuste.

§ V.

De la direction des Feuilles.

Les directions variées des feuilles sont déterminées

par plusieurs causes: par leur disposition sur la plante, par la nature de leur substance , par leur étendue , et même cette direction peut être modifiée par les lieux qu'habitent les végétaux ; quant aux directions qui tiennent à des mouvemens organiques et momentanés , comme celles de la feuille de certaines plantes dormeuses, nous aurons occasion d'en parler lorsque nous traiterons du sommeil des plantes.

La direction des feuilles peut avoir lieu de deux manières , ou par l'angle que le pétiole forme avec la tige, le disque de la feuille suivant le même angle , ou par une inclinaison différente du disque et du pétiole , comparés au corps de la tige ou branche sur lesquels reposent les feuilles.

On doit observer, pour règle générale, que l'angle formé par la tige et le pétiole , varie très-peu ; il est toujours entre 40 à 45 degrés. Lorsqu'il n'y a point de pétiole à une feuille, l'inclinaison qu'elle peut prendre, comparée à la tige , est toujours entre 90 degrés, ainsi on en voit d'horizontales et on en voit d'appliquées immédiatement sur la tige.

+ *De la direction des Feuilles, comparées au point qui leur sert de support.*

1°. **Feuilles squarreuses** (*Folia squarrosa*).

Ce sont des feuilles rapprochées , dont la courbure est très-manifeste , et dont la direction est de bas en haut ; on en voit un exemple dans l'*Yucca gloriosa*.

2°. Feuilles apprimées (*Folia adpressa*).

Quelques auteurs ont aussi donné à ces sortes de feuilles le nom d'*appliquées*.

On désigne sous ce nom des feuilles qui sont presque toujours sessiles et dont la direction est paralélle à celle de la tige , et même elles touchent immédiatement le corps de la plante. Les *Protea corymbosa, prolifera ,* beaucoup de Bruyères du cap de Bonne-Espérance sont dans ce cas.

3°. Feuilles dressées (*Folia erecta*).

Quelques auteurs leur ont encore donné le nom de feuilles *droites*, qui présente une idée moins positive.

On distingue la feuille dressée par son écartement plus marqué que dans le cas précédent ; elle est un peu éloignée de la tige ou de la partie de la plante sur laquelle elle porte , mais elle en suit presque la direction ; les feuilles de la plupart des *Abies* en donnent un exemple ; dans les plantes herbacées le Salsifis des prés (*Tragopogon pratense*).

4°. Feuilles redressées (*Folia assurgentia*).

Ce sont des feuilles qui dévient d'abord par leur partie inférieure de leur point d'origine, et se relèvent ensuite par une courbure plus ou moins prononcée.

5°. Feuilles étalées (*Folia patentissima*).

On désigne sous ce nom les feuilles dont l'extrémité, opposée à la portion insérée sur la tige, s'éloigne beaucoup de la perpendiculaire à l'horizon ; des plantes herbacées fournissent des exemples de cette direction.

Il y a des degrés différens d'écartement des feuilles, mais ils ne peuvent pas beaucoup servir pour l'usage des descriptions botaniques parce qu'ils ne sont pas assez sensibles; ainsi on dit FEUILLES PEU OUVERTES *Folia patula*, FEUILLES OUVERTES, *Folia patentia*.

6°. FEUILLES HORIZONTALES (*Folia horizontalia*).

Cette direction n'a pas besoin d'être définie : il est rare que l'on trouve des feuilles présentant l'horizontalité d'une manière exacte, cependant plusieurs légumineuses à feuilles composées peuvent en fournir des exemples, ainsi que beaucoup de plantes grasses, plusieurs plantes herbacées, telles que la Laitue sauvage.

7°. FEUILLES VERTICALES (*Folia verticalia*).

Par des raisons physiques il est presqu'impossible de trouver des feuilles pétiolées dont la direction soit exactement dans la ligne verticale, mais on voit des feuilles imbriquées qui s'en rapprochent.

8°. FEUILLES PERPENDICULAIRES (*Folia perpendicularia*).

La loi constante du développement des végétaux s'oppose entièrement à la perpendicularité d'une feuille sessille; alors une feuille pétiolée peut seule présenter cette direction ; on en voit des exemples très-marqués dans le disque de la feuille de plusieurs Malvacées et surtout dans le genre *Sida*.

++ *De la direction des Feuilles considérées en elles-mêmes.*

1°. FEUILLES TORSES (*Folia contorta*). PL. XVII.

Quelques auteurs ont confondu la feuille torse avec la feuille oblique, mais elles diffèrent beaucoup. La feuille est torse lorsque ses bords tendent à tourner obliquement autour de leur axe ; alors la base regarde le ciel et le sommet se dirige vers l'horizon, comme on le voit dans le *Ruscus race-mosus*, beaucoup de *Protea*, la *Fritillaria persica*, plusieurs *Alstroemeria*.

2°. FEUILLES OBLIQUES (*Folia obliqua*). PL. XVIII.

La feuille oblique est disposée de telle manière qu'un de ses bords regarde ou tend à regarder la tige, de sorte que le disque de la feuille est dirigé verticalement. On voit cette disposition dans les *Begonia* ; on la remarque particulièrement dans un grand nombre de plantes de la Nouvelle-Hollande, telles que les *Eucalyptus*, les *Mimosa*, les *Metrosideros*, qui croissent dans cette cinquième partie du monde. Je n'ai pu encore me rendre raison de la tendance que les feuilles des plantes de cette région ont à être obliques.

3°. FEUILLES INVERSES, RÉSUPINÉES OU RENVERSÉES ; (*Folia resupinata*).

Une feuille est résupinée, lorsque son disque, n'é-prouvant aucune courbure dans son étendue, est dirigé de manière que sa surface inférieure devient supérieure. Il n'y a qu'un très-petit nombre de plantes qui présentent exactement ce caractère.

4°. FEUILLES HUMIFUSES (*Folia humifusa*).

La feuille humifuse est toujours étalée horizontalement sur la terre ; elle appartient exclusivement aux plantes herbacées; les feuilles de la Rhubarbe rhapontic (*Rheum rhaponticum*) offrent cette disposition.

5°. FEUILLES NAGEANTES (*Folia natantia*). PL. XIX.

Ce sont toutes les feuilles horizontales qui sont disposées à la surface de l'eau sans aucune immersion, telles que les feuilles du *Potamogeton natans*, des *Nymphæa alba* et *lutea*, et de beaucoup d'autres végétaux.

6°. FEUILLES ÉMERGÉES (*Folia emersa*).

Les feuilles sont dites émergées toutes les fois qu'appartenant à une plante croissant dans l'eau, elles sont hors de l'eau et ne reposent point sur sa surface, comme les feuilles nageantes. La Flèche d'eau (*Sagittaria sagittæfolia*), les *Sparganium* ou Rubans d'eau, en offrent des exemples.

7°. FEUILLES SUBMERGÉES (*Folia submersa*).

On désigne sous ce nom toutes les feuilles des plantes vivant habituellement dans l'eau, ayant leur tige et leurs branches submergées continuellement, ainsi que les feuilles qu'elles portent, comme on observe dans la plupart des Epis d'eau (*Potamogeton*), la *Valisneria spiralis*, les *Zostera*, etc.

On voit assez souvent des feuilles nageantes et

d'autres submergées dans les mêmes plantes, mais dans ce cas elles sont toujours dissemblables. Un caractère des feuilles nageantes est d'être larges et celui des feuilles submergées est d'être linaires pour les plantes endorhizes (*monocotylédones*) et très-divisées pour les plantes exorhizes (*dicotylédones*).

+++ *De la direction des Feuilles considérées dans l'étendue de leur disque.*

I. *Direction du disque considéré dans sa longueur.*

1°. FEUILLES INCOURBES (*Folia incurvata*).

On a dit plus souvent, feuilles courbées en dedans, mais n'est-il pas plus simple de dire avec M. Richard, *Feuilles incourbes?* La seule observation que l'on peut faire est de remarquer que dans notre langue *in* se rend quelquefois par *non*.

La feuille incourbe présente toujours dans son disque une courbure qui se dirige de bas en haut et en dedans ; la convexité étant en dedans , on sous-entend toujours dans ce cas que la feuille est étroite, car si elle était large, elle deviendrait feuille concave.

Les *Mesembryanthemum* et plusieurs autres plantes grasses, soit *Cacalia*, soit de la famille des ficoïdes , fournissent des exemples de feuilles incourbes.

2°. FEUILLES INFLÉCHIES (*Folia inflexa*).

On appelle ainsi les feuilles dont la courbure de dehors en dedans , est beaucoup plus prononcée que dans le cas précédent ; dans la feuille infléchie la pointe se dirige vers la surface supérieure.

3°. Feuilles recourbées (*Folia recurvata seu recurva*).

Les feuilles sont recourbées toutes les fois que la courbure se dirige en dehors, et en haut un peu en bas, quelques *Melaleuca*, la *Roëlla squarrosa*.

4°. Feuilles réfléchies (*Folia reflexa*).

Une feuille est telle lorsqu'elle est rabattue en dehors, non par une arcuation graduée, mais par une flexion brusque, de manière que la partie réfléchie fait angle avec le support, comme dans la *Roëlla muscosa* et le *Plantago indica*.

5°. Feuilles reclinées (*Folia reclinata*).

Cette espèce de feuille se présente très-rarement; elle se dirige d'abord de bas en haut, mais après avoir offert cette direction dans une petite partie de l'étendue de son disque, elle se réfléchit brusquement et roidement de haut en bas, de manière que l'extrémité supérieure devient plus basse que le point d'insertion, comme dans le *Senetio reclinatus*.

6°. Feuilles cirrhiformes (*Folia cirrhiformia*).

J'appelle ainsi les feuilles dont le disque a la propriété de s'attacher aux corps environnans, par un enroulement plus ou moins prononcé, sans qu'il ait aucune partie analogue aux corps qui servent à ce mode d'attache. La Fumeterre (*Fumaria capreolata,* Thuilier) en fournit un exemple remarquable.

II. *Direction des bords du disque des Feuilles.*

1°. Feuilles involutées (*Folia involuta*).

Les feuilles involutées ont leurs bords roulés en

dessus et en dedans ; beaucoup de Graminées présentent ce caractère. Je ne connais point d'exemple de feuille qui soit involuté par sa pointe ou son sommet.

2°. **Feuilles révolutées** (*Folia revoluta*). Pl. XX.

C'est l'inverse du cas précédent, l'enroulement a lieu de dehors en dedans et en dessous. On trouve beaucoup d'exemples de ces sortes de feuilles dans le genre Saule (*Salix*), dans l'*Andromeda polifolia*, dans les espèces de *Ledum*.

Les deux dispositions précédentes sont plus particulières aux feuilles consistantes de certains arbres et surtout des arbustes.

§ VI.

De la nervation des Feuilles.

On sait que dans les sciences, il est une foule de considérations qui ne peuvent être établies et utilisées qu'à l'époque où ces sciences sont cultivées avec ardeur par un grand nombre de savans ; avant ce temps, quelques hommes laborieux sont les seuls qui s'en occupent fructueusement, mais n'étant point aidés des secours que pourraient leur fournir les travaux faits par un concours de plusieurs autres observateurs, ils ne peuvent qu'aller à pas lents, étant obligés de faire naître la science ou d'en poser les bases fondamentales, ce qui les contraint à négliger beaucoup de détails d'une grande importance. Il arrive cependant le plus ordinairement que c'est seulement par des observations multipliées, par la réunion d'un grand nombre de faits, que l'on parvient à connaître la valeur de plusieurs observations isolées et de nulle importance au premier aspect ; mais qui, étant réunies, font éclore des vérités nouvelles pour la science, ou servent à confirmer celles déjà connues.

Il arrive très-souvent que l'acquisition de ces connaissances nouvelles ne pouvant être transmises par les mots employés et connus, on est contraint d'en approprier qui puissent rendre les idées nouvellement acquises ; de là naît ce néologisme indispensable dans les sciences et contre lequel beaucoup de personnes qui ne veulent qu'effleurer les sciences, s'élèvent avec force, cherchant à persuader qu'avec les mots connus on peut rendre toutes les idées nouvelles que chaque science voit naître par des efforts nombreux et successifs. Je conviens que l'on peut employer tous les mots de notre langue pour s'exprimer dans les sciences ; mais qu'arrivera-t-il, ou que l'on sera forcé d'employer de longues périphrases, ou que l'on ira chercher un nom ayant très-peu de rapport avec l'objet, et pris dans les mots qui sont les plus vulgaires et les plus triviaux ; un célèbre physiologiste se plaint de ce qu'on a voulu, depuis l'origine de l'anatomie, introduire les expressions les plus singulières et les plus communes pour faire connaître les phénomènes de la vie ou pour distinguer les organes instrumens de cette vie.

Ces réflexions générales ne sont nullement éloignées de l'objet que je traite, puisque la Botanique est une des sciences où l'on est le plus obligé de faire des innovations dans la nomenclature , par la grande quantité d'objets appartenans à la philosophie de cette branche de l'histoire naturelle , et sur lesquels on n'a acquis que depuis très-peu de temps, des notions inconnues jusqu'ici.

M. Richard est le premier qui ait fixé son attention d'une manière satisfaisante sur les considérations à faire relativement aux nervures des feuilles ; jusqu'à lui, on ne tenait aucun compte des différentes manières d'être de ces nervures ; il est à remarquer cependant que leur disposition est constante et presque la même dans chaque famille , souvent la distribution des nervures peut servir à remener une plante au groupe naturel dont elle fait partie. Cette considération devrait engager les botanistes à ne pas négliger ces moyens que leur fournit la nature ; cependant je vois à regret que l'on n'en tient aucun compte dans toutes les descriptions de plantes faites même actuellement ; il n'y a qu'un très-petit nombre de cas où l'on en fasse mention , et la famille des *Melastomes* , celle de toutes qui s'éloigne le plus des autres plantes par la forme des nervures de ses feuilles , est presque la seule dans laquelle on tienne compte, pour les espèces , de la disposition des nervures.

Quelquefois il y a une raison qui s'oppose à ce que l'on puisse faire mention de quelques particularités que présente une plante, c'est qu'on manque de termes pour exposer clairement et brièvement ce qu'on observe ; mais ici ce n'est plus la même raison qui puisse faire négliger la disposition variée des nervures des feuilles, puisque dans son travail de nomenclature des organes des végétaux, M. RICHARD a proposé la plupart des termes propres à exprimer chaque particularité que peut présenter la nervure d'une feuille.

Ce qui doit entrer pour beaucoup dans l'appréciation que l'on doit faire des caractères pris de la nervation, c'est que les nervures sont le résultat d'un développement fixé par un mode constant et particulier à chaque groupe naturel (1).

Dans l'exposition des termes appropriés pour caractériser l'état d'une feuille relativement à ses nervures, on doit se rappeler que les mots proposés établissent une uniformité dans le mode de nomenclature et qu'ils ne peuvent être rendus que par une périphrase ou par un mot impropre, ce qui dans l'un ou l'autre cas serait un inconvénient.

Avant de donner des détails sur les nervures des feuilles, nous devons fixer ce qu'on entend par *Nervure*

---

(1) Je fais une distinction entre un groupe et une famille naturelle ; dans cette dernière il peut y avoir plusieurs groupes qui aient des caractères généraux de la famille, mais ils auront aussi des signes qui leur seront particuliers ; ainsi, le groupe naturel de plante peut présenter dans son mode de nervation une distribution particulière, sans cesser d'appartenir à la famille.

Il est inutile de prévenir que dans l'énoncé des principes émis, il peut se présenter des exceptions, mais elles ne forment jamais une transition si marquée qu'on ne puisse les ramener au type principal.

Ainsi une plante dont les nervures sont courbées peut appartenir à un genre dont les autres espèces ont les nervures droites, mais jamais on ne verra de feuilles à nervures parallèles et longitudinales, rentrer dans un genre à feuilles nervées transversalement.

et *Veine* : la première est ordinairement seule, mais souvent aussi divisée en trois, cinq, sept et neuf parties qui forment autant de nervures principales ayant toutes le même caractère, qui est de partir de la base du disque et de se prolonger à l'extrémité opposée de ce disque. On a donné de l'extension ensuite à ce mot, et l'on a appelé nervures les divisions de la nervure principale qui ne sont que des veines primitives; mais nous conserverons cette dénomination et nous appellerons veines, les plus petites divisions des nervures des feuilles. Les veines proprement dites, au contraire, ne sont que des sous-divisions des nervures et sont en beaucoup plus grand nombre.

+ *De la présence ou absence des Nervures.*

1°. Feuilles inveinées (*Folia evenosa*). Pl. XXI.

Dans une feuille *inveinée*, on ne voit point à l'extérieur les ramifications qui appartiennent au tissu solide du disque de la feuille ; cependant il ne faut pas s'imaginer pour cela que ce tissu n'existe pas, il est dépendant de la structure de cet organe; mais plusieurs causes peuvent s'opposer à ce qu'il soit sensible au dehors ; d'abord, dans toutes les plantes grasses, la partie parenchymateuse étant très-abondante , elle renfle tous les interstices du réseau de la feuille, les vaisseaux pouvant se loger facilement dans ce parenchyme ne sont point visibles au dehors , et les feuilles sont seulement recouvertes par un léger épiderme sans aucune protéburance produite par les nervures: leur surface est par cela même presque toujours lisse.

Pl. 1.

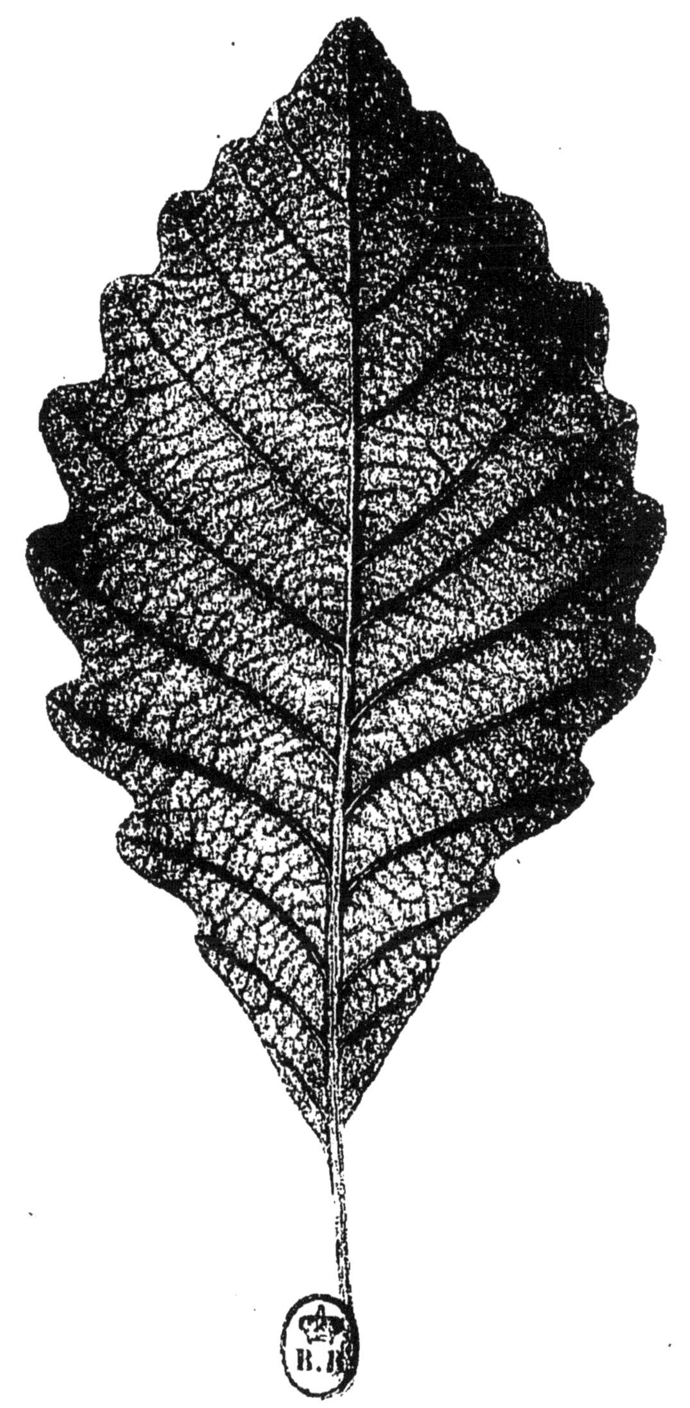

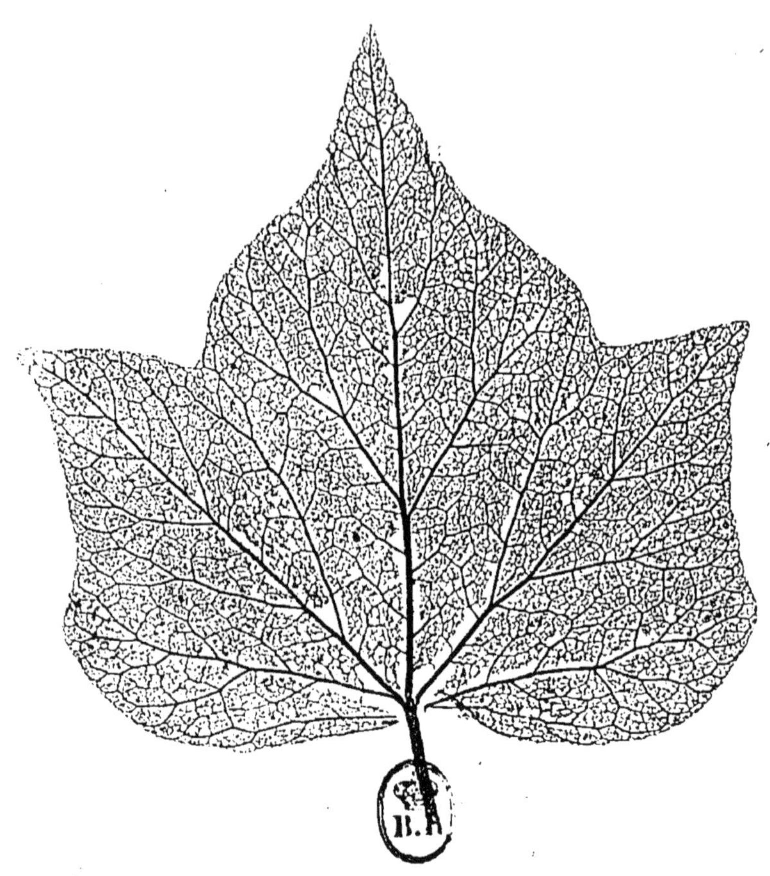

Pl. IV.

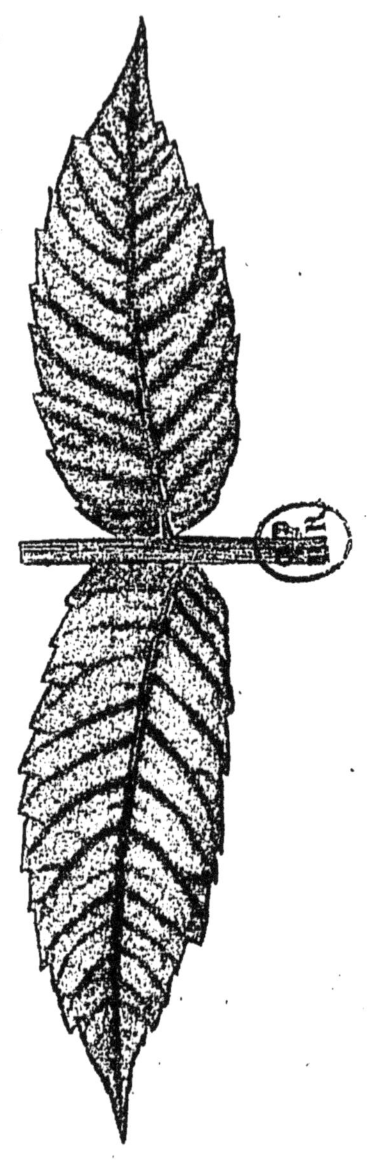

Pl. VII.

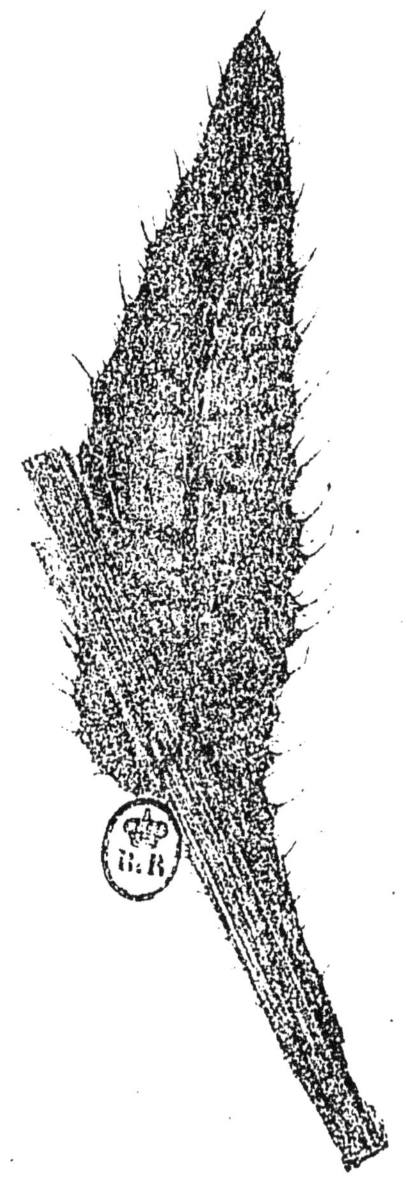

Pl. IX.

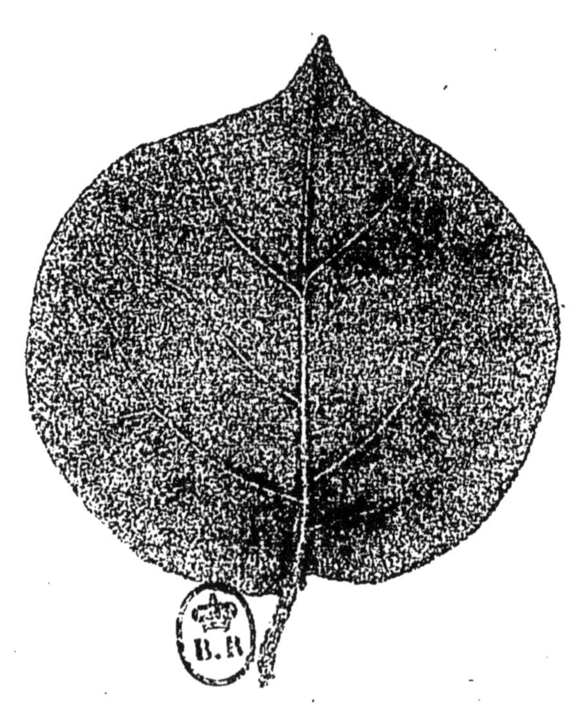

Pl. X.

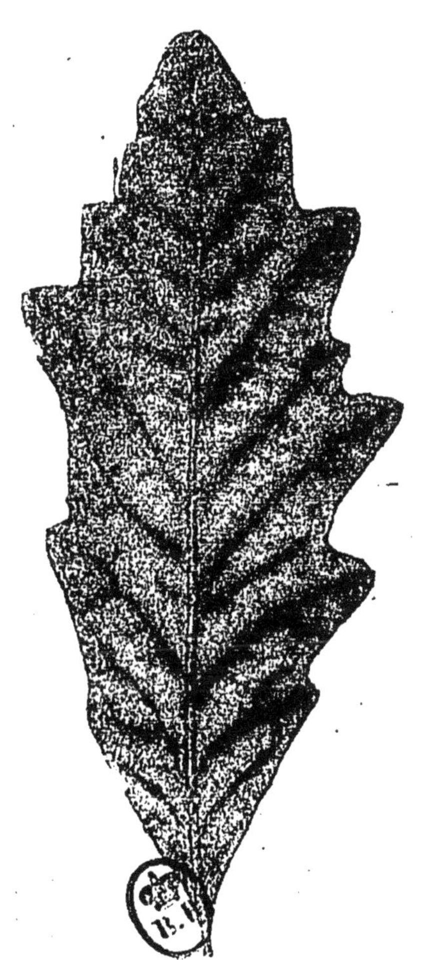

Pl. XI.

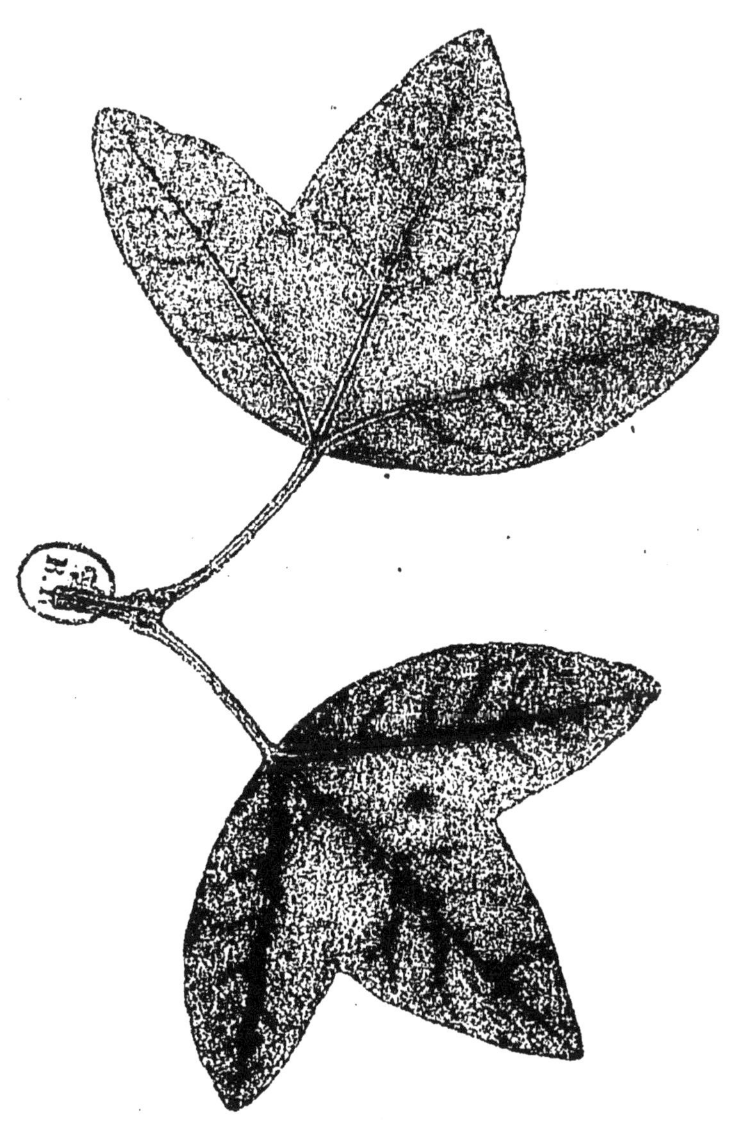

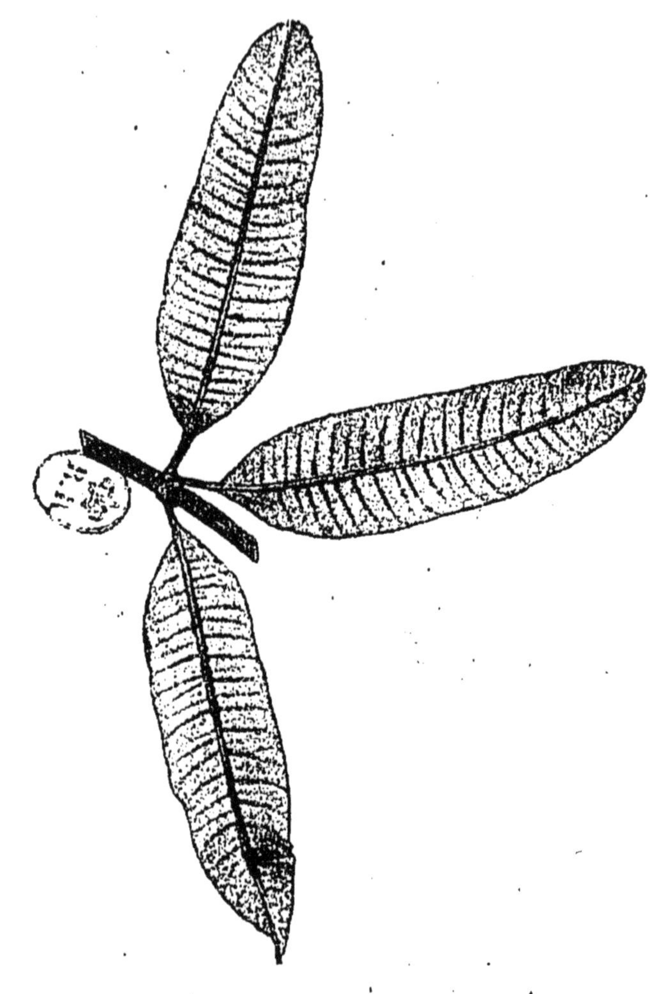

Pl. XIV.

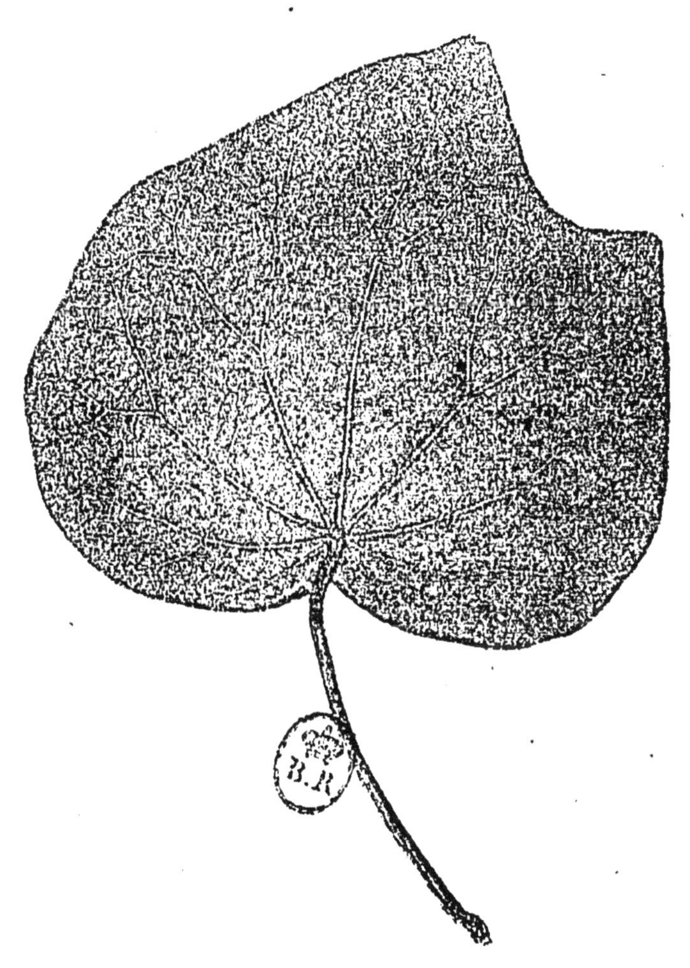

Pl. XVI.

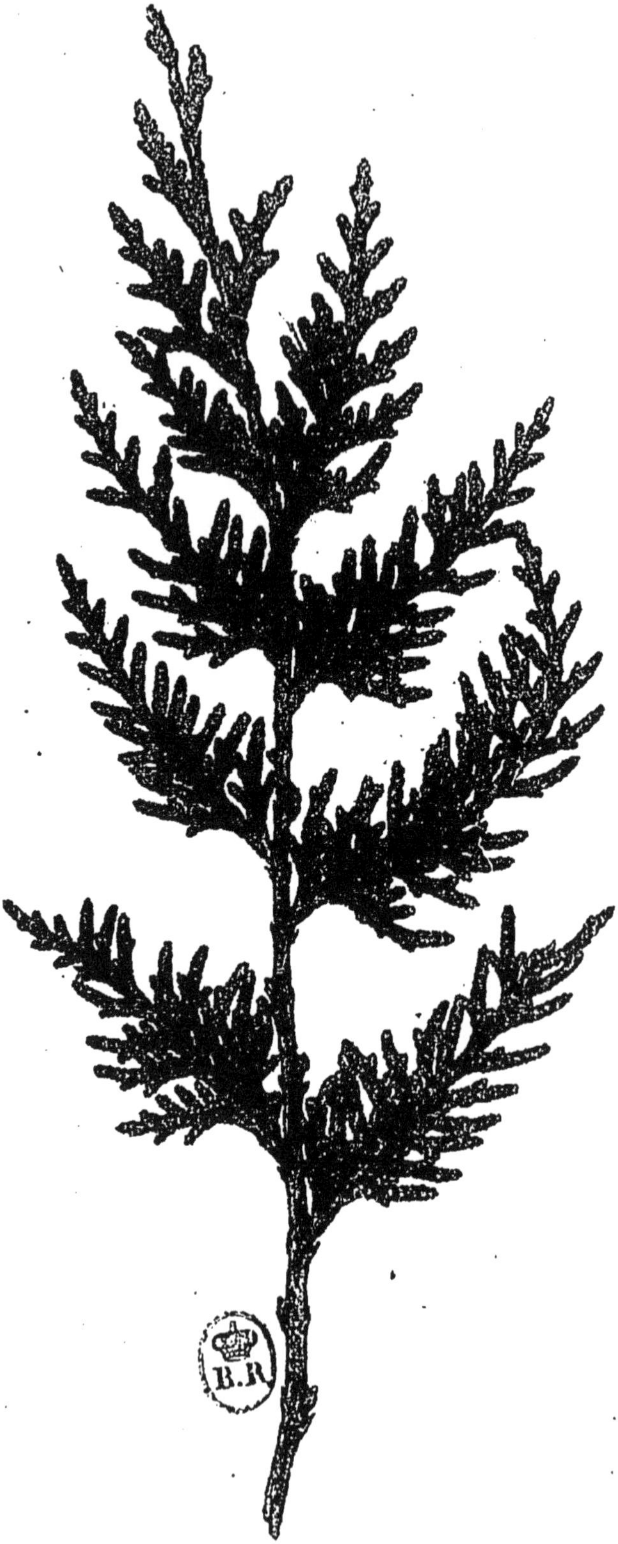

Pl. XVII.

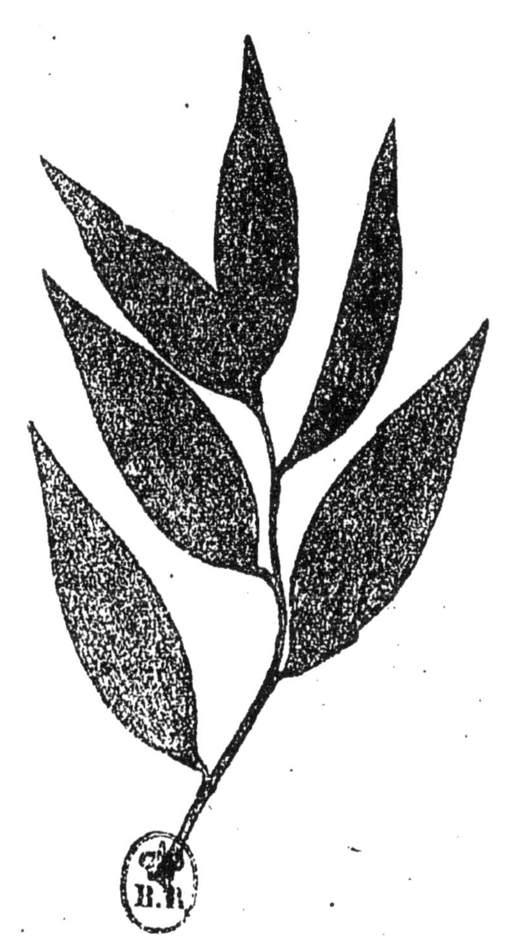

Pl. XVIII.

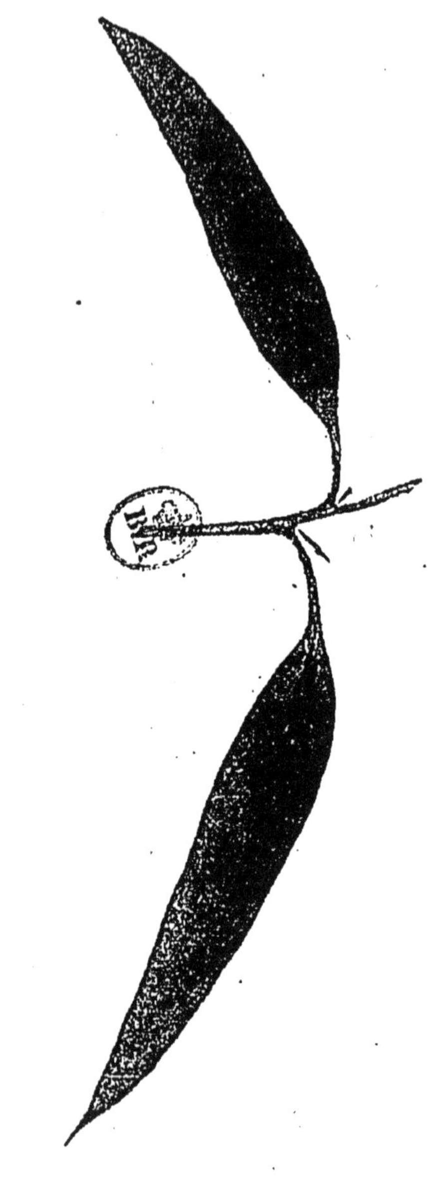

Pl. XIX.

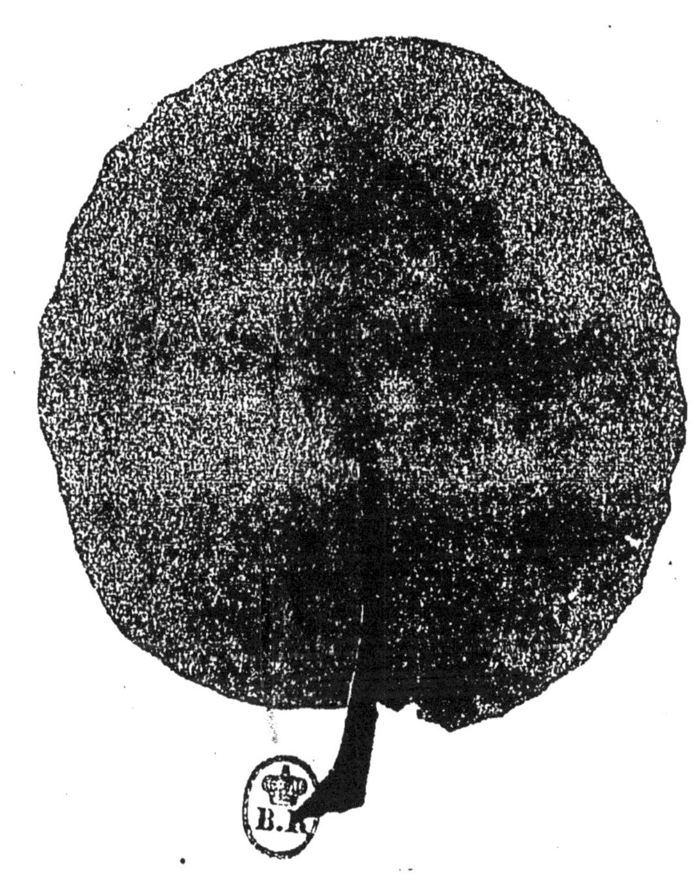

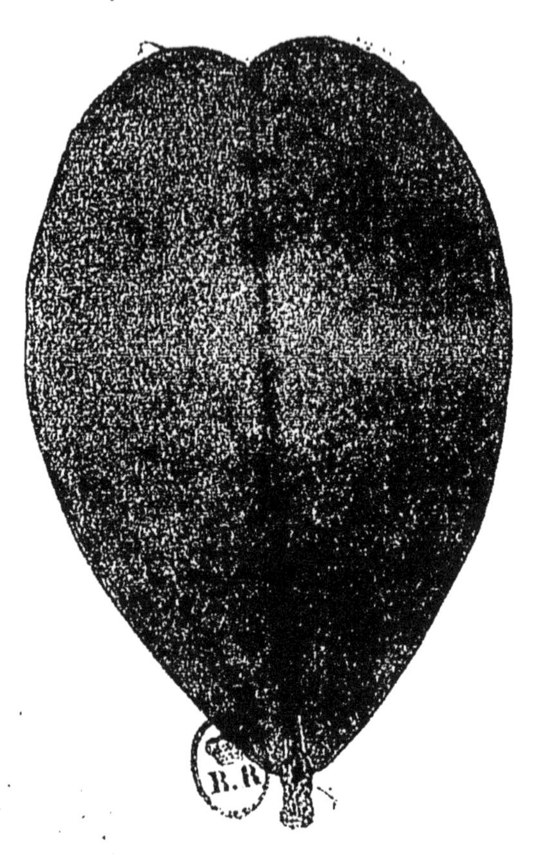

Pl. XXI.

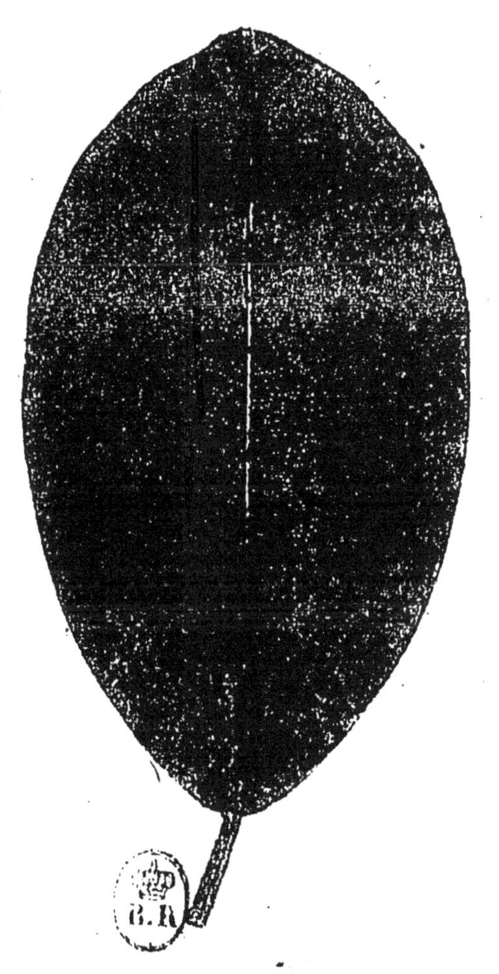

Pl. XXII.

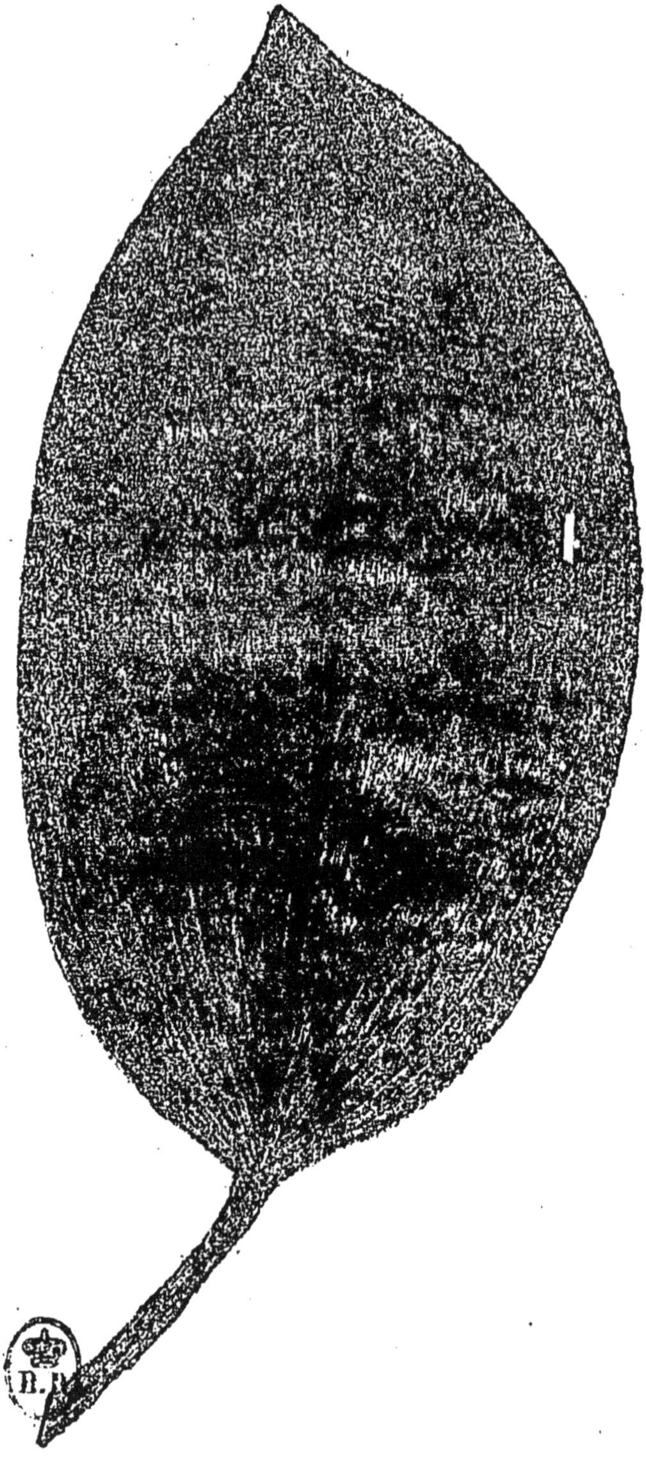

Pl. XXIII.

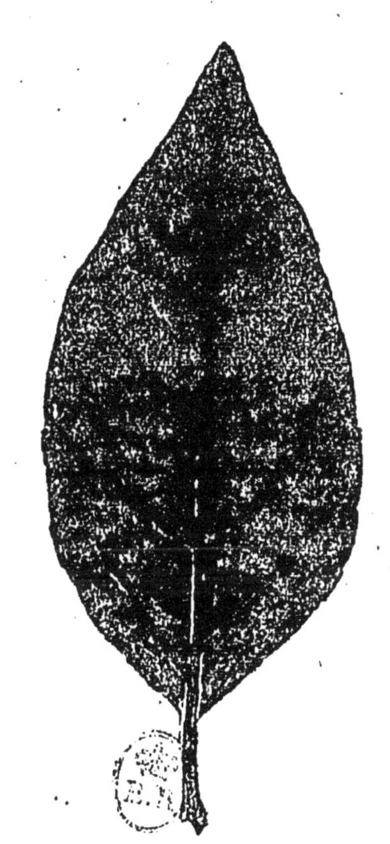

Pl. XXIV.

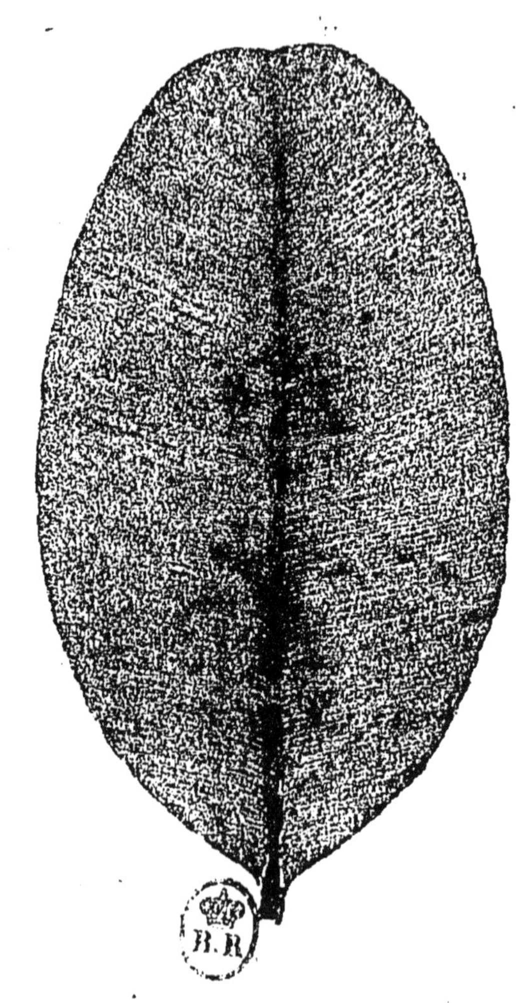

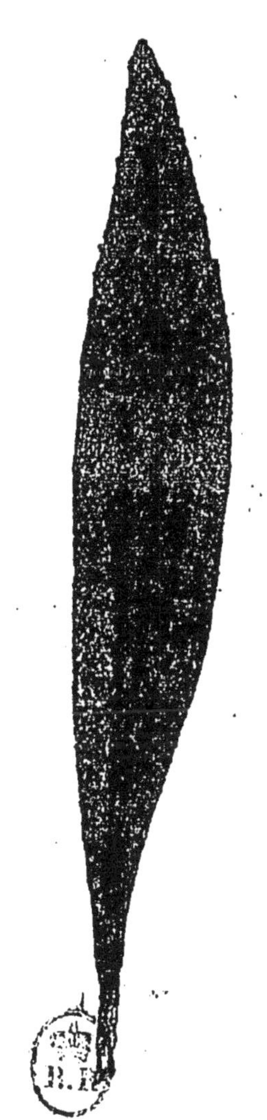

Pl. XXVI.

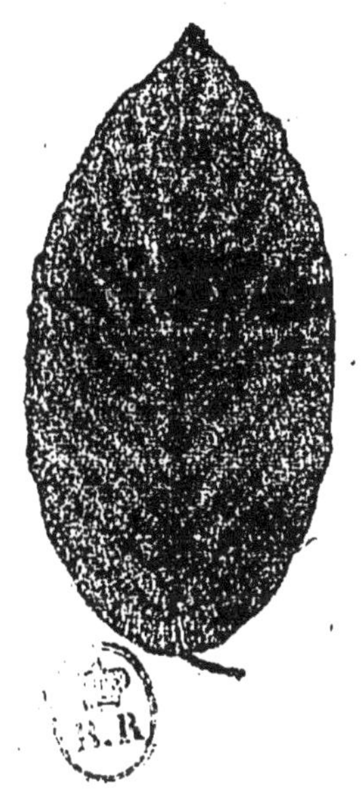

Pl. XXVIII.

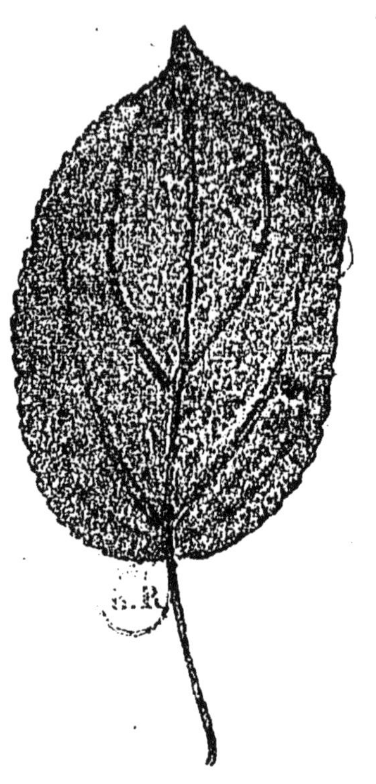

Pl. XXIX.

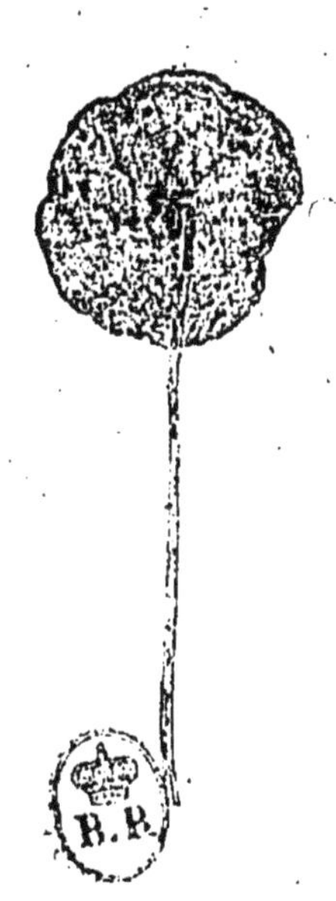

Pl. XXX.

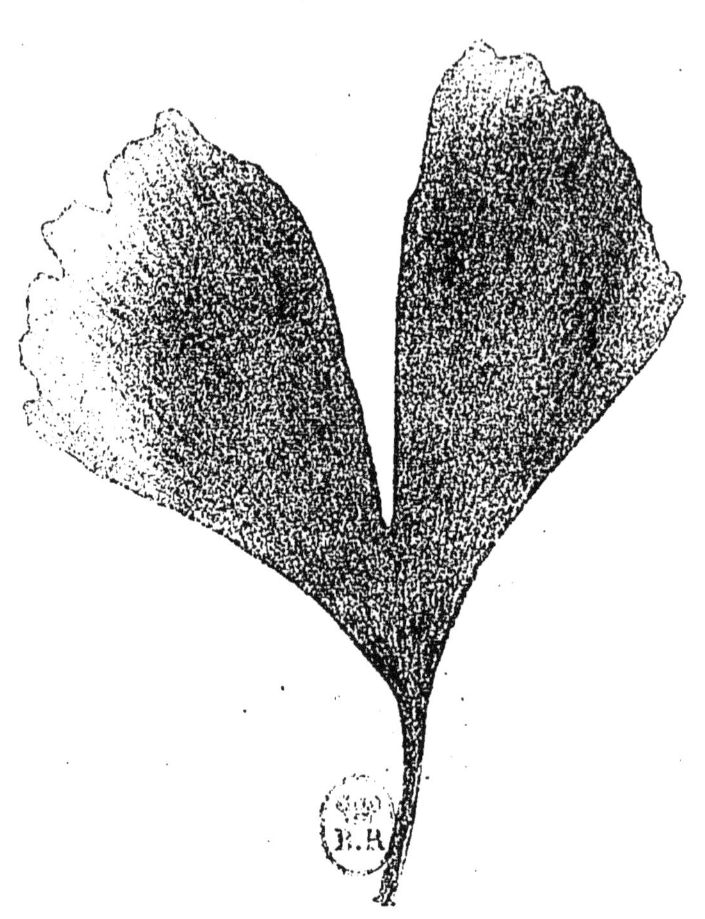

Pl. XXXI.

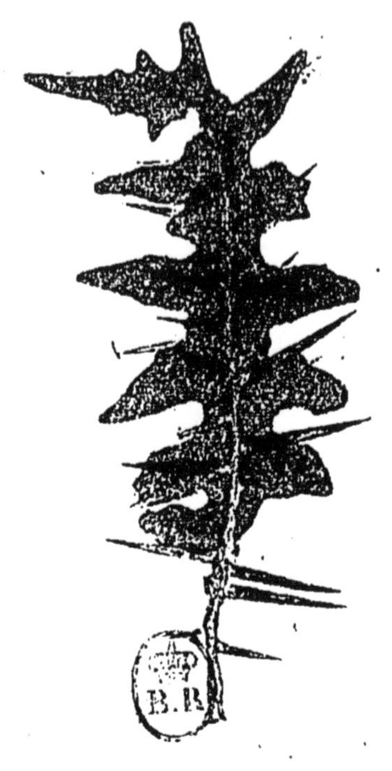

9 782013 467667